プラスチック汚染とは何か

枝廣 淳子

岩波ブックレット No. 1003

はじめに

　ここ数年、海洋プラスチック汚染の問題の顕在化によって、プラスチックごみ問題が世界中で注目を集めるようになった。これは世界規模で起こっている深刻な環境問題であり、とくに海洋プラスチック汚染は「二一世紀最悪の環境問題の一つ」とも言われている。私たちの健康や産業・経済に関わる問題でもある。

　今日、世界全体の海洋ごみのうち最大の割合を占めているのがプラスチックである。その正確な数値はわからないものの、海域によっては「外洋に蓄積しているごみの九九・九％がプラスチックである」との報告もあるほどだ。合成物質であるプラスチックが海洋環境に蓄積し続けるにつれて、環境や社会・経済への悪影響も増大しつつある。

　また、「魚料理を食べようと思ったら、中から小さなプラの破片が出てきた」「ペットボトルの水や塩からも微小なプラが発見された」など、私たちの身体にもその汚染が入り込んでいる可能性が報告されている。しかし、海洋環境にせよ、人体にせよ、汚染の影響がどのぐらいのものなのか、私たちにはまだその全体像がわかっていない。

　他方、世界ではプラスチック問題に対する取り組みが急速に進んでいる。各国政府や自治体の取り組みのほか、ＳＤＧｓ（国連の「持続可能な開発目標」）の一つとして、また、次の競争優位性の戦場として、企業の取り組みも盛んになってきている。

　プラスチック問題は「環境問題」であると同時に「資源問題」でもある。欧州では「サーキュラー・エコノミー」（循環経済）に転換していくうえでの「産業政策」としても取り組まれている。

　プラスチックの何が、なぜ問題なのか？　それに対して何をすべきなのか？　このブックレットでは、海洋プラスチック問題だけではなく、プラスチック汚染全般への取り組みを考えていく。

第1章　プラスチックとはどんな物質なのか――増える消費と廃棄

1―1　プラスチックの歴史と性質

「プラスチック」という言葉は、ラテン語の「plasticus」から来ており、そのもとは「成形できるもの」を意味するギリシア語の「plastikos」である。熱や圧力を加えることで任意の形に成形できる塑性（plasticity）をもっている合成樹脂を「プラスチック」と呼ぶ。

　大石不二夫著『図解プラスチックのはなし』（日本実業出版社、一九九七年）では、「石油、天然ガス、石炭といった天然炭素資源を主な原料として、これらを高分子合成反応させることによって、炭素、水素、酸素、窒素、塩素などの原子を鎖状や網状に連結した長大分子（ポリマー）に合成し、更にこのポリマーを主体として、充塡剤、補強材などを配合して得る材料のことを指す」と定義している。

最近では石油、天然ガス、石炭といった化石資源だけでなく、トウモロコシやサトウキビといった生物資源（バイオマス資源）を原料とするバイオプラスチックも開発・生産されるようになっている。つまり、「プラスチック」という一種類の材料があるわけではなく、多種多様なプラスチックが存在しているのだ。

　世界で初めて合成ポリマーからプラスチックが創り出されたのは一九〇七年のことだった。その後、任意の形に成形できる便利なプラスチックは、さまざまな分野の幅広い製品に用いられるようになる。第二次世界大戦後、プラスチックは中流階級の台頭とともに「文化的な民主化」のシンボルとなった。一九四〇年代から五〇年代にかけて急速に大量生産が進んだプラスチックは、社会の発展を支えてきたとも言える。

　プラスチックは軽量で耐久性があり、好きな形に成形することができ、かつ安価に生産できるなど、極めて有用で、革命的とさえ言える素材だ。また、プラスチックに添加剤を混ぜることで、私たちの望む特性をもたせることができる。たとえば、ビスフェノールＡとフタル酸エステルを添加することで、「水に強く、燃えにくい」プラスチックができる。こうしてプラスチックは「何にでも使える」素材となってきた。

　現在は、環境問題の元凶のように目されているプラスチックだが、実は「環境保護のためにその利用が増えてきた」経緯もあると聞くと驚くかもしれない。初期の頃、プラスチックが多用されるようになった理由には主に二つあるという。

　一つは、野生動物の保護だ。従来、装飾品などの材料として使われていた象牙やウミガメの甲羅をプラスチック材料で代用することで、ゾウやウミガメなどをできるだけ殺さずにすむ、というものだ。もう一つは、どのみち廃棄物になるしかなかった製油所からの副産物をプラスチックペレットとして利用し、経済的な価値に転換するという、廃棄物の有効活用である。

　今世紀最大の課題と言われる温暖化の問題に対しても、軽量で耐久性の高いプラスチックは社会・経済活動に伴う温室効果ガスの排出量低減に役立ってきた。たとえば飲料ボトルがガラスからプラスチックに代わることで、軽量化が進み、輸送時のCO_2排出量が削減される。容器包装に高性能プラスチックを使用することで、食品貯蔵寿命を延ばすことができ、食品ロス削減につながる。

　このように、プラスチックは多くの分野や製品・用途において、環境負荷低減に役立ってきた。しかし、プラスチックは人間が創り出した人工物であり、自然の中には存在しない。プラスチックをこれほどまでに特別で有用な素材にしているその特性ゆえに、プラスチックは基本的に自然に還ることができないのだ。プラスチックごみの大きな問題の一つは、「完全に分解されることはない」ことだ。より細かく砕かれていっても、消えることはない。たとえ肉眼では見えなくなったとしても、環境中に残り続ける。たとえば発泡スチロール製の容器は、分解するのに数千年もかかり、その間、水や土壌を汚染し続けるという。

プラスチックは基本的に自然に還らないため、これまでに生産されたプラスチックのほぼすべてが――埋立場であれ、海の中であれ――今でも存在し続けているのだ。

1―2　種類と用途

私たちが「プラスチック」と呼んでいる塑性をもつ合成樹脂は、大きく「熱可塑性樹脂」と「熱硬化性樹脂」に分かれる。

「熱可塑性樹脂」とは、熱によって可塑性を生じ、冷やすと固まるもので、再加熱・再成形・冷却を繰り返すことができる。ポリエチレンやポリスチレンがその例である。それに対して、「熱硬化性樹脂」は、加熱すると可塑性を生じるが、化学変化を起こすため、いったん硬化すると可塑性を失い、再び柔らかくしたり成形したりすることはできない。フェノール樹脂やメラミン樹脂がその例である。

これらプラスチックは、レジ袋、ストロー、包装容器をはじめとする日用品から、電気部品、機械部品、医療器具、建築用材などに広く用いられている。部屋の中をぐるりと見回してみても、いかに多くのプラスチックに囲まれて暮らしているかがわかるだろう。今やプラスチックは私たちの生活や環境中のどこにでも見られるものであるため、「人新世」(地質学的に新しい人類の時代に突入しているという考え方)の一つのマーカーであると考える科学者もいるほどだ。

このように各所で利用されているプラスチックの製造・加工・リサイクルやプラスチック製造加工機械などに関連するプラスチック業界は、世界の経済の中でも重要な役割を果たしている。欧州連合（EU）のプラスチック業界団体プラスチックヨーロッパによると、EU二八カ国において、プラスチック業界は一五〇万人以上を雇用し、六万社近くの企業（多くは中小企業）を擁し、二〇一七年の売上は三五五〇億ユーロに達し、付加価値の寄与度において欧州では製薬業界に並ぶ第七位の位置づけとなっている。

プラスチックの用途について、とくに日本では以下の区別を意識する必要がある。プラスチックには、レジ袋や食品包装・飲料や液体用ボトルなど、何らかの商品の「包装や容器」として使われているものと、玩具やバケツなど、それ自体が「製品」であるものとがある。前者を「容器包装プラスチック」、後者を「製品プラスチック」と呼ぶ。両者は廃棄されるまでの時間が大きく違う。容器包装プラスチックの大部分は、使い捨てである。製品プラスチックはその製品にもよるが、廃棄物になるまでの時間はより長いものが多い。

日本では、「容器包装リサイクル法」（容リ法）に基づき、容器包装プラスチックの廃棄物は市町村が回収して、容器製造事業者や容器利用事業者の責任のもと、リサイクルが行われるしくみになっている。しかし、製品プラスチックは容リ法の対象外だ。そのため、再資源化可能な物も多く含まれているにもかかわらず、多くの自治体で分別収集・リサイクルが行われずに、焼却・埋め立てによる処理が行われているのが現状である。後述するが、プラスチック問題に根本的に取り組むためには、容器包装プラスチックだけではなく製品プラスチックをも包含する法体系が必要である。

1―3 増え続ける生産と消費

世界のプラスチック生産量は一九五〇年から五〇年以上にわたって急増し続けている。あらゆる素材の中で生産量の増加率が最大だという。二〇一七年のレポートによると、一九五〇年に一五〇万トンだったその生産量は、二〇一七年には三億四八〇〇万トンへと、二三〇倍以上に増えている

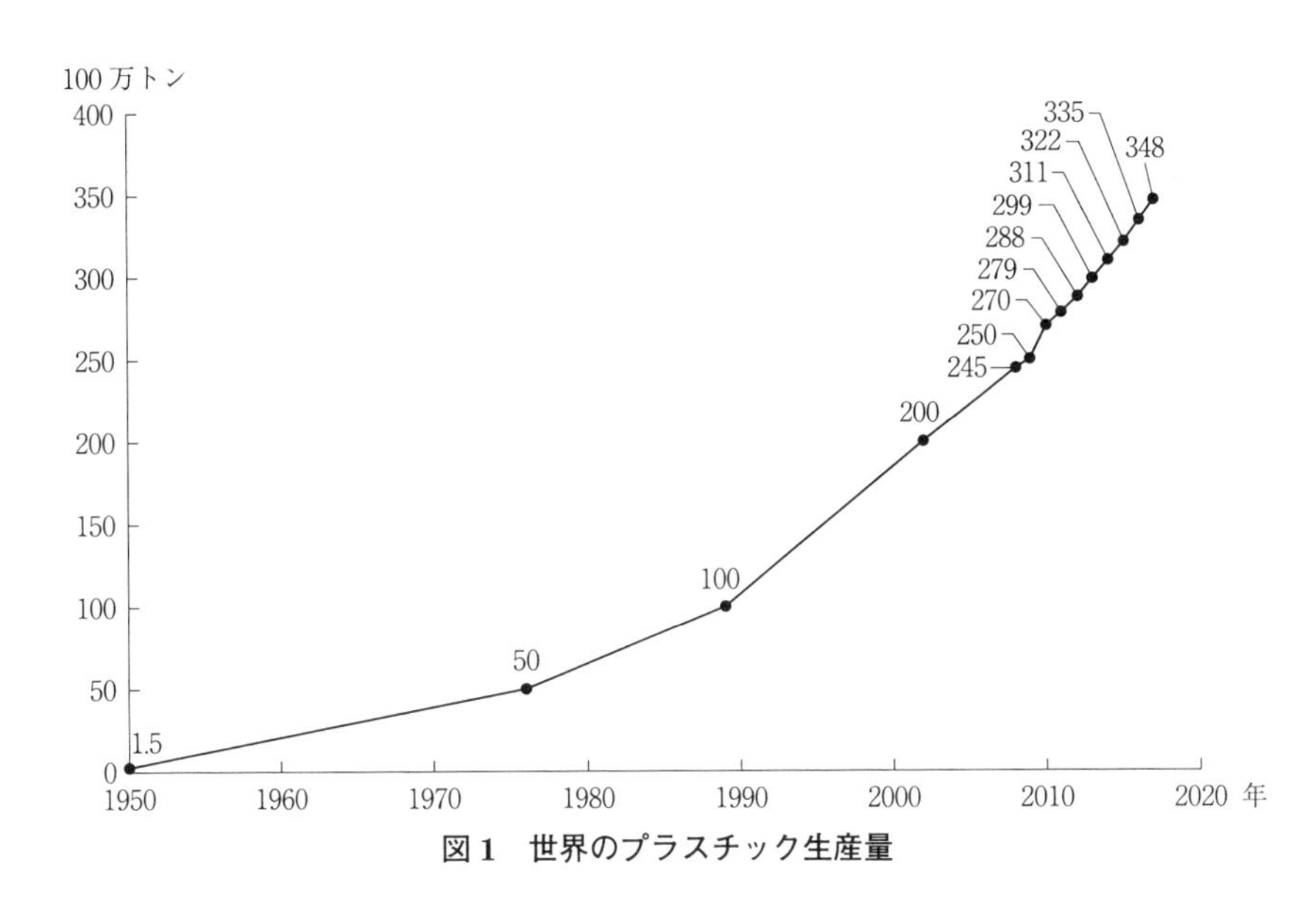

図1　世界のプラスチック生産量

（**図1**）。しかも、この計算には繊維製品のための合成繊維（三七二〇万トン）や自動車用タイヤ向けの合成ゴム（六四〇万トン）は入っていない。

現在、プラスチックは世界の石油生産量の約四%を毎年使っており、プラスチック製造のためのエネルギーとして別に世界の石油生産量の約四%ほどが使われているという。ジェナ・ジャムベック（ジョージア大学准教授）らは、誕生から二〇一五年までの間に、累積で八三億トンのバージンプラスチックが生産されたと推計している。

プラスチック生産量の増大は続くと考えられている。エレン・マッカーサー財団による二〇一七年のレポートでは、今後二〇年間に生産量は二倍になり、二〇五〇年には四倍に達するとしている。

世界の中でもプラスチックの生産量の多い地域はどこだろうか？　プラスチックヨーロッパの二〇一八年のレポートによると、二〇一七年の地域ごとの生産量内訳はアジアが五〇・一%と全体の約半分を占めており、ヨーロッパは一八・五%、

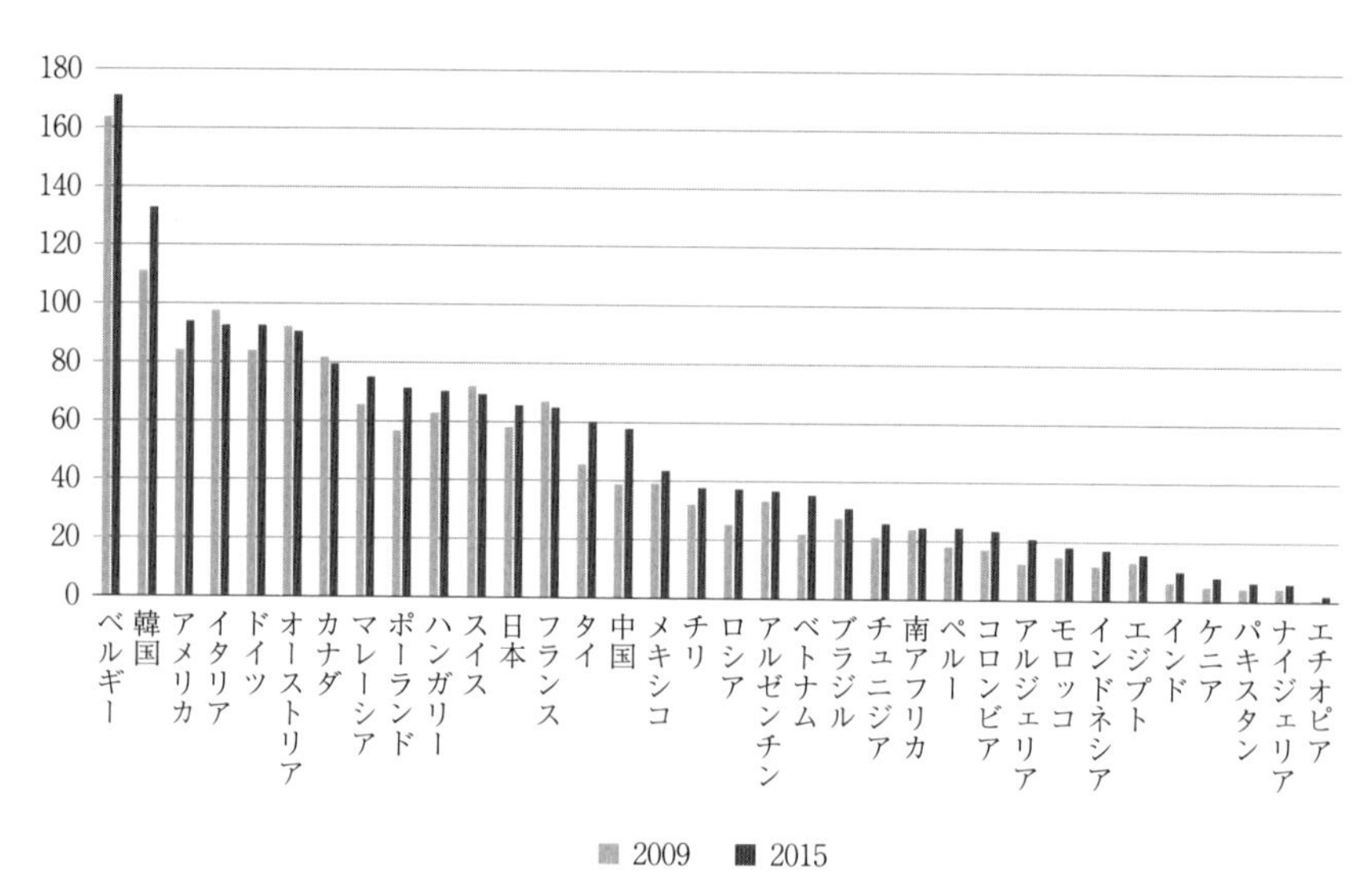

図2　1人あたりの年間プラスチック消費量(kg/人)

NAFTA(米国、カナダ、メキシコ)が一七・七%と、それに続いている。中国が二九・四%と世界最大のプラスチック生産国となっており、日本の占める割合は三・九%だ。さらに、使い捨てプラスチックの地域別生産量を見ると、世界全体の四分の一以上が北東アジア(中国、香港、日本、韓国、台湾)で生産されていることがわかる。次いで、北米、中東、欧州となっている。

他方、プラスチック消費量は国によって大きく異なる。ヨーロッパのプラスチック・ゴム関連の業界団体であるユーロマップが六三カ国のプラスチックの生産・消費状況を調べたレポートから、いくつかの国を選んで、二〇〇九年と二〇一五年の一人あたりの年間プラスチック消費量を表わしたものが上のグラフだ(**図2**)。国によって大きな差があることがわかる。また、二〇〇九年から二〇一五年の間に消費量が大きく増えた国もあれば、減っている国もある。

プラスチックはどのような産業部門で使われて

いるのだろうか？　国連環境計画（UNEP）の二〇一八年の報告書によると、産業部門別では、容器包装用が最も多く、全体の三六％を占めている。次いで、建築・建設（一六％）、繊維（一四％）となり、ほかには消費者向け製品（一〇％）、輸送（七％）、電気・電子（四％）などとなっている。

容器包装用のプラスチックが全体の三分の一以上を占めるほど普及している背景には、前述したように、その利用によって食品貯蔵寿命を延ばせることや、重量軽減によって輸送燃料を削減できるなどの理由がある。自分たちの暮らしを振り返ってみても、かつては紙やガラス、麻袋、スチール缶などに入っていたものが、ペットボトルやプラスチックの包装材に切り替わってきたことを確認できるだろう。とくに透明なプラスチック製の袋は中身が見えることから、使いやすく、販売促進にもつながると言われている。事業者にとっても消費者にとっても利便性が高いことから、容器包装プラスチックが急拡大しているのだ。

1−4　マイクロプラスチック

プラスチックごみの話に関連して、「マイクロプラスチック」という言葉を聞いたことがあるのではないだろうか。五㎜以下の微細なプラスチックを「マイクロプラスチック」と呼ぶ。最近では、魚の体内や水、塩、人糞からも発見されるようになっている。プラスチックおよびそれに含まれている化学物質や、海洋などでプラスチックに吸着する化学物質が食物連鎖に入り込む恐れがあり、最終的に人間の体内に入り込むことでの人体への悪影響が懸念されている。

マイクロプラスチックは、二種類に分けることができる。一つは、もとは五㎜以上の大きさのプラスチックだったものが、海洋中で破砕や劣化によって細かく砕け、五㎜以下になったもので、「二次マイクロプラスチック」と呼ばれる。プラスチックごみは波の衝撃や紫外線の影響を受けて、砕けたり分解したりしてマイクロプラスチックに

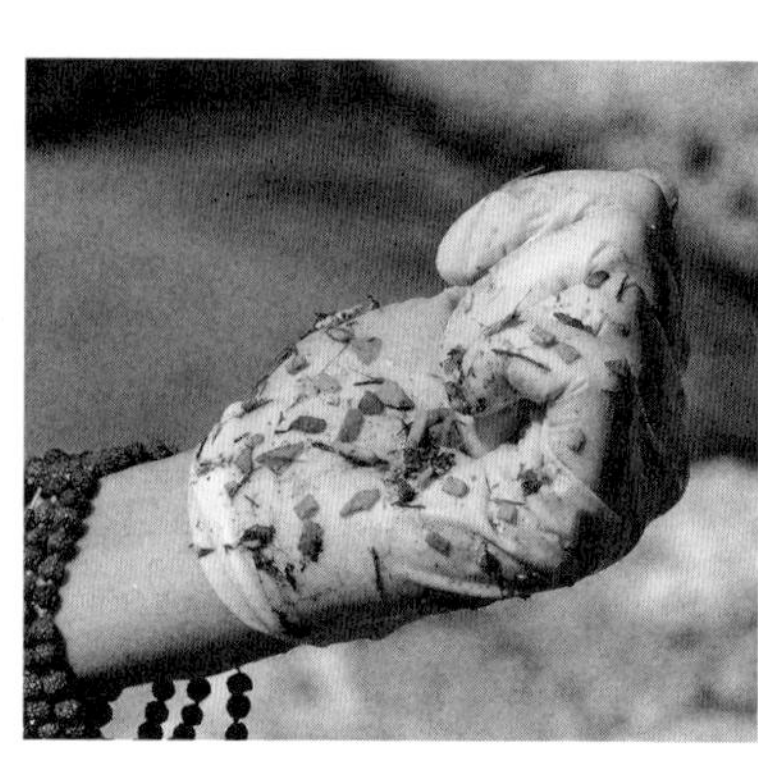

マイクロプラスチック（2017年10月，マルタにて，撮影：Jacques Azzorpadi）

なっていく。魚やウミガメが餌と勘違いして嚙み砕くことによってもプラスチックは細かくなっていく。したがって、海洋プラスチック汚染は連続線であることを忘れてはならない。今日のプラごみが明日のマイクロプラスチックになるのだ。

もう一つは、もともと五㎜以下のマイクロサイズのプラスチックで、「一次マイクロプラスチック」と呼ばれる。

この一次マイクロプラスチックをさらに二つのグループに区別することができる。一つは、もともとマイクロサイズで製造されたプラスチックだ。

「マイクロサイズのプラスチック」と言われてもピンとこないかもしれないが、私たちは知らないうちにこれらの入った製品を使っていることが多い。たとえば、洗顔料や化粧品・歯磨き粉などで「スクラブ入り」という製品があるだろう。「スクラブ」とは「こすって磨く」の意味で、毛穴の汚れや古い角質などを落とすための研磨剤として細かな粒子が入っているが、これにマイクロプラスチックが使われている場合がある。スクラブ一ｇあたり数千個のマイクロプラスチック（マイクロビーズとも呼ぶ）が入っているという。

日本でも、製品製造のための原料、化粧品中のスクラブビーズ、工業用研磨剤、紙おむつなどの高吸水性樹脂を含む衛生用品などでマイクロビーズが使われている。環境省によると、マイクロビーズの年間生産量は全世界で二三六万トン、うち一九万トンが日本で生産されている。

もう一つの一次マイクロプラスチックは、プラスチック製品がその製造・使用・メンテナンス中に摩耗し、微細なプラスチックとして発生するものだ。たとえば、自動車の走行中、合成ゴムのタイヤが摩耗し、微細なプラスチック片が発生する。また、合成繊維の衣類を洗濯するとき、繊維が剝がれ落ち、マイクロプラスチック化する。

　国際自然保護連合（ＩＵＣＮ）の二〇一七年のレポートによると、一次マイクロプラスチックのほとんど（九八％）が陸上での活動から発生している。そのうち、最大の発生源は、合成繊維の洗濯（三五％）と走行中の自動車タイヤの摩耗（二八％）だ。海への流出の多くが、製品の使用中（四九％）か、メンテナンス中（二八％）に発生している。

　このレポートでは、文献調査から一次マイクロプラスチックの発生源を七つ挙げている。

①合成繊維

　私たちの衣類を家庭用洗濯機で洗濯するたびに、マイクロプラスチックが発生しているという事実は、ほとんど知られていないかもしれない。現在は多くの衣類がポリエステル、ポリエチレン、アクリルといった合成繊維でつくられている。これらは世界の繊維消費量の六〇％以上を占めるという。そういった衣類を洗濯するたびに、繊維が剝がれ落ちて下水に入り、最終的には海に達しているのだ。洗濯機でポリエステルのフリースを洗うたびに、一一万四〇〇〇～二二八万三〇〇〇本の繊維が水路に流出しているという研究結果もある。

②タイヤ

　自動車の走行中、タイヤの外側の部分から剝がれ落ちた破片は、スチレンブタジエンゴムという合成ポリマーが約六〇％と、天然ゴムやさまざまな添加物から成っている。こうしたタイヤのダストは風に吹かれて散らばったり、雨で道路から洗い流される。タイヤからのマイクロプラスチックが海洋にどの程度流出しているかに関する信頼のおける情報はまだないが、ノルウェーとスウェーデンの研究者は、海洋で発見されたマイクロプラスチックのかなりの部分が自動車用タイヤから発生しているようだ、と指摘している。

③道路の路面標示

　車線や交通標識など、白や黄色で路面標示を塗装し、薄くなると塗り直す作業が行われる。世界的には塗料が多いが、欧州各国では熱可塑性物質が最もよく使われている。これらの塗装は、雨風にさらされてボロボロになったり、車両が通ることで摩耗する。タイヤのダストと同じく、風で散逸したり、雨で洗い流され、表面水に入って、最終的には海洋に流出する可能性が高い。

④船舶用塗装

　船舶用の塗料には、固体塗膜、さび止め塗料、防汚塗料などがあるが、こうした塗料にはポリウレタン、エポキシ樹脂、ビニール、ラッカーなど数種類のプラスチックが使われている。船舶の建造、メンテナンス、修理、使用中に一次マイクロプラスチックが発生している。

⑤パーソナルケア製品

　前述したように、パーソナルケア製品や化粧品にマイクロビーズが用いられている。これらに含まれるマイクロプラスチックは、洗い流され、排水中に流出する。世界各地でのフィールド研究で、化粧品からのマイクロビーズが見つかっている。

⑥プラスチックペレット

　多くのプラスチック製品は、製造時に原料として直径二〜五㎜のプラスチックペレットやパウダーを用いる。製造・加工・輸送・リサイクル時に、これらが環境中に流出することがある。

⑦都市部のちり

　合成繊維の靴底やプラスチック製調理器具の摩耗片、塵埃（じんあい）、人工芝、建物の塗装の剝片などが含まれる。個々の量は些少でも、合わせると非常に大きなマイクロプラスチックの排出源となる。

　これらのほとんどが自然環境中に流出する。海に流れ出たマイクロプラスチックのうち、海水よりも重いものは海底に蓄積すると考えられている。海水よりも軽いポリプロピレンなどは海面を漂流し、海洋に広く拡散する。マイクロプラスチックは微細なため、回収やリサイクルは極めて難しい。

　モデルを使って計算した研究者の報告によると、海洋への一次マイクロプラスチックの流出量は、世界全体で、年に一五〇万トンと推計されている。世界人口一人あたり二一二gに相当する。海への流出経路は、道路からの流出(六六%)が最も多く、次いで排水処理システムを通じて(二五%)、風に運ばれたもの(七%)となっている。

　マイクロプラスチックを特別に取り上げるのは、極小ではあるが、自然環境や私たち人間にとっての大きな脅威となっているからだ。後述するが、海に流出したマイクロプラスチックの一つひとつが、外来種を媒介・移動させたり、水中の化学的汚染物質を吸収したりする。そして、さまざまな野生生物の体内に入ったマイクロプラスチックが食物連鎖を上がっていく可能性も大きい。

1─5　リサイクル・廃棄の現状

　その便利な性質のゆえに、大量に生産・使用されるようになったプラスチックだが、人間が創り出した人工物であるがために、基本的に自然に還ることはできない。とすると、使用済みのプラスチックはリサイクルされるか、廃棄されるしかない。現在、どのくらいのプラスチックがリサイクルされているのだろうか?

　ローランド・ガイヤー(カリフォルニア大学教授)らは、一九五〇年から二〇一五年の間に生産されたバージンプラスチックの総量八三億トンに対して、累積で六三億トンのプラスチックごみが発生したと推定している。うち八億トン(一二%)が焼却され、六億トン(九%)がリサイクルされ、七九%にあたる約四九億トンは廃棄されて埋立地や自然環境中に蓄積しているという。膨大な量のプラスチックのうち、リサイクルされているのは一割にも満たないのだ。しかも、二回以上リサイクルされているのはそのうちの一〇%しかない。

　現在の生産と廃棄物管理の趨勢が続くとしたら、二〇五〇年までに、約一二〇億トンのプラスチックごみが埋立地か自然環境中に存在するようになると推計されている。

製品プラスチックに比べて、容器包装プラスチックは使い捨てられることが多いため、廃棄物になりやすい。実際、プラスチック廃棄物全体の約半分を容器包装プラスチックが占めている。二〇一五年のデータによると、世界全体で容器包装用のプラスチックごみは一億四一〇〇万トン発生しており、うちリサイクルされたのは一四％に過ぎない。それも効果的なリサイクルはわずかで、多くはもとのプラスチックより品質の劣ったものにリサイクルされている。残りの八六％のうち、埋め立てが四〇％、焼却が一四％で、三二％は環境中に流出しているという。

国別にはどうか？　ガイヤーらが行った各国の容器包装プラスチックの廃棄量の計算によれば、総量では中国が群を抜いて多く、欧州・米国が第二位、第三位となっている。日本はインドを下回り、ごくわずかに見えるが、国民一人あたりの廃棄量を見ると米国に次いで多い（**図3**）。

UNEPのレポートによると、環境中に最もよく見られる使い捨てプラスチックは、タバコの吸い殻、飲料用ボトル、ペットボトルのキャップ、食品包装紙、レジ袋、プラスチック製のフタ、ストロー、マドラー、その他のプラスチック製の袋、発泡スチロール製の持ち帰り用容器である。

ここで、プラスチックごみとしてよく取り上げられるレジ袋、ペットボトル、プラスチック製ストローについて、詳しく見ておこう。日本国内では、二〇一六年に四〇七万トンのプラスチックごみが出ているが、とくにレジ袋やペットボトルなどが多くの割合を占めている。日本は一人あたりの容器包装プラスチック廃棄量が米国に次いで世界第二位であることを意識したい。

●レジ袋

レジ袋の多くはポリエチレンというプラスチックから作られているが、それは破れにくく、安価かつ衛生的にモノを運搬できるからだ。紙袋に比

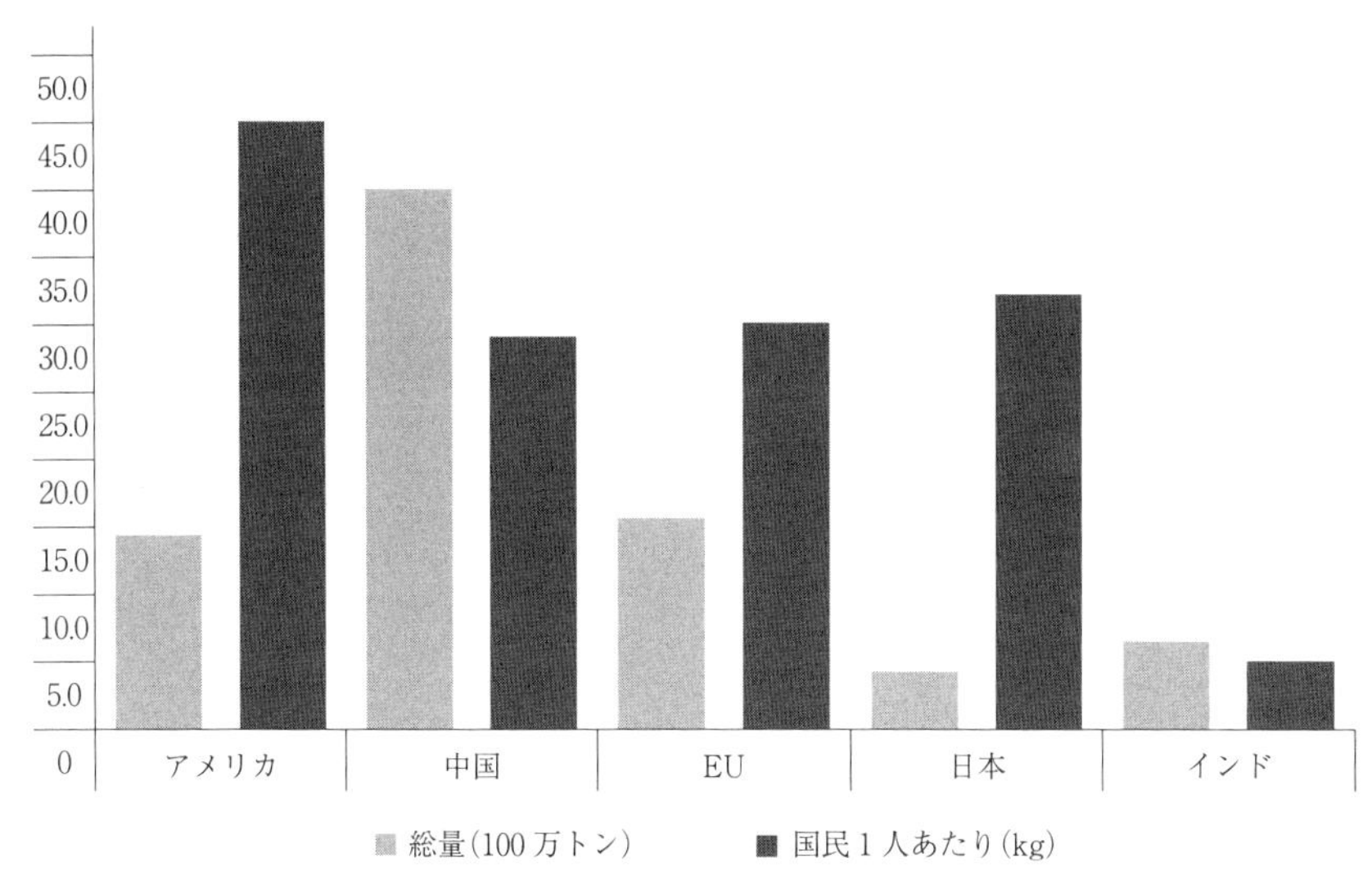

図3　各国の容器包装プラスチックの廃棄量(総量および国民1人あたり)

べると、製造時に必要なエネルギーや水が少なくてすみ、固形廃棄物となったときのかさも小さいため、廃棄物の埋め立てに必要な面積も少なくてすむという。しかし、安価で耐久性があって破れたり分解したりしにくいという優れた特徴のゆえに、環境問題の元凶の一つとなっているのだ。

ＵＮＥＰの二〇一八年のレポートによると、現在、世界全体で毎年一兆～五兆枚のレジ袋が使われている。五兆枚とすると、毎分一〇〇〇万枚のレジ袋が使い捨てられている計算だ。これらのレジ袋をつなぎ合わせると、毎時地球を七周ぐるりと回る距離になり、フランスの二倍もの面積を覆うことになるという。

日本国内で配布されるレジ袋は毎年四五〇億枚程度との推定がある。うち約三割はコンビニが占める。スーパーではすでに有料化しているところも多く、その場合、辞退率は八割を超えるという。使用後のレジ袋を店頭などで回収して、レジ袋や他のプラスチック製品を生産する原料の一部とするなどの取り組みもあるものの、大部分はごみ袋として、またはそのまま廃棄されている。

●ペットボトル

ソフトドリンクや水のプラスチックボトルのほとんどは、ポリエチレンテレフタレート（PET）から作られているため、「ペットボトル」と呼ばれている。リサイクルしやすい素材ではあるが、使用量があまりにも増えているため、回収・リサイクルが追いつかず、海洋プラスチック汚染の大きな原因の一つとなっている。

実際、世界の海岸線に打ち上げられているプラスチックごみの中でも最も多いのがプラスチックボトルとそのキャップだと言われている。

PMMIとユーロモニター・インターナショナルの二〇一五年のレポートによると、二〇一四年には世界中で五三〇〇億本のペットボトルが生産された。ペットボトルの生産量は年率四・七％で増加すると予測されており、二〇一九年には世界中で六五〇〇億本近くが販売されることになるという。ペットボトルは経済的にもリサイクルのしやすいプラスチックであるにもかかわらず、英国の『ガーディアン』紙によると、二〇一六年に世界で購入されたペットボトルのうち、リサイクル用に回収されたのは半分にも満たず、回収されたもののうち新しいボトルに形を変えたのはたったの七％であるという。残りの大部分のペットボトルの行く先は埋立地か海洋だ。

世界でも最大のペットボトル入りの水の消費国は中国で、世界の需要の四分の一を占めている。二〇一五年に六八四億本、二〇一六年には七三八億本と、都市化と健康への懸念から増加しているという。地下水の汚染や水道水の品質に関する懸念が増大するにつれ、ペットボトル入りの水の需要も増大しているのだ。インドやインドネシアでも同様に需要が増大している。

日本ではどうだろうか？

PETボトルリサイクル推進協議会によると、日本全国の二〇一七年度の「指定PETボトル」

（飲料、特定調味料）の販売量は五七万八〇〇〇トンだった。本数でいえば二三六億本で、一人あたり年間一九〇本以上の計算になる。清涼飲料水用ペットボトルの出荷量は、二〇〇四年度の一・五倍以上となっている。

回収やリサイクルについては、二〇一七年度に確認された指定PETボトルの回収量は三七万一〇〇〇トンで、リサイクル率は八四・八％との推計だ。繊維や食品トレーなどにリサイクルされているものが多いが、このリサイクル率には焼却による熱回収も含まれている。リサイクルされずに使い捨てられている量は、最大で八万九〇〇〇トンと考えられる。しかし、八五％近いリサイクル率にもかかわらず、日本の海岸で三番目に多く見つかるごみがペットボトルだという。

河川敷でごみを拾いながら豊かな自然を取り戻そうという活動を二〇年以上続けてきた「荒川クリーンエイド」は、二〇一七年のレポートで「近年は、タバコの吸い殻に替わって、ペットボトルが最も多く拾われ、八年連続トップとなっている」と指摘している。多くのペットボトルが河川から海へ流出していると考えられる。

供給側を見てみよう。大手飲料ブランドは大量にペットボトルを生産しているが、国際環境NGOグリーンピースの分析によると、飲料業界の世界トップ六社が再利用しているリサイクルされたペットボトルの量は、平均してたったの六・六％だ。再生プラスチックを原材料に用いれば、その分リサイクルが進むうえ、バージン原料から製造するのに比べて、使用するエネルギーも少なくてすむ。飲料各社が再生プラスチックの使用量を増やすよう呼びかけるキャンペーンも展開されているが、飲料業界の反応は鈍いという。『ガーディアン』紙によると、コカ・コーラは、一〇〇％再生プラスチックからペットボトルを作ることが可能だと認めつつも、飲食品向けに使えるような高品位な再生プラスチックを必要な量調達することはまだできない、としている。

なお、日本の全国清涼飲料連合会は、二〇三〇年度までに使用済みペットボトルを一〇〇％有効利用する目標を発表している。焼却による熱回収は最後の手段であり、素材としてのリサイクルや、再びペットボトルにする「ボトル・ツー・ボトル」の取り組みが広がることを期待したい。

●プラスチック製ストロー

カフェやファストフード、レストランなどのチェーンがプラスチック製ストローを廃止し始めたことが、世間のプラスチックごみへの関心を引き上げた。しかし、プラスチック製ストローの使用量や廃棄量などはそれほど明らかになっていない。

環境コンサルティングサービスを専門に提供する英国のユーノミア・リサーチ・アンド・コンサルティング社の二〇一七年のレポートによると、英国では一年間に八五億本のストローが使われており、ドイツは四八億本、フランスは三二億本、イタリアは二〇億本、EU全体では一年に三六五億本のストローを使っていると推定されている。

米国では毎日約五億本のストローが使われていると、大手非営利リサイクル団体のエコサイクルが推計している。一人あたり毎日一・六本となり、五歳から六五歳までの六〇年間の人生で約三万八〇〇〇本のストローを使い捨てる計算になる。米国の人口が全世界の四％強であることを考えると、世界中で使い捨てられているストローは膨大な数になるだろう。

実際の本数は明らかではないものの、「全世界で一年間に三〇〇〇億本のストローを使っている」とも言われている。日本にはストローに関する業界団体もなく、統計的な数字は明らかになっていないが、一般的に、日本では年間二〇〇億本のストローが使われていると言われている。

プラスチック製ストローはその使途からもリユースは難しく、回収ルートも整備されていない。そのため、リサイクルもほとんどされず、大部分が廃棄され、ごみとなっていると考えられる。

第2章　海洋プラスチック汚染——その現状と影響

海洋に大量に蓄積しているプラスチックごみの存在が明らかになったことが、プラスチック問題への関心の大きなきっかけとなった。とくに、二〇一六年一月の世界経済フォーラム（ダボス会議）で「二〇五〇年までに海洋中に存在するプラスチックの量は、重量ベースで魚の量を超える」との試算が報告され、世界中にショックを与えた。

前述したように、プラスチックは一九五〇年頃から大量生産が始まったが、生分解性プラスチックといった環境中で分解可能なプラスチックの生産・使用が始まったのはごく最近のことで、グローバルなプラスチックの生産量について調べているガイヤーらも「現在でもその生産量はごくわずかなので、分析対象に含めない」としているほどだ。また生分解性といっても、通常は土中で分解するものであり、海の中で分解するものは研究・実用化が進められている段階である。つまり、これまでに海に流れ込んでしまったプラスチックは、すべて今なお海の中に存在していると考えられる。

2―1　海洋プラスチックごみの量と広がり

海洋を汚染しているプラスチックには、海で使われてそのまま捨てられたものもあれば、陸上で発生したプラスチックごみが風に飛ばされたり、河川から流れ出て海に到達するものもある。近年、海洋プラスチック汚染の規模と広がりがさまざまな研究から明らかになってきた。

二〇一五年のジャムベックらの研究によると、二〇一〇年の一年間に、四八〇万～一二七〇万トンのプラスチックごみが海に流れ出ている。二〇一七年に国際自然保護連合（IUCN）が出したレポートでは、毎年九五〇万トンものプラスチックごみが新たに海へと流出しているとしている。

マリアナ海溝のような人間が知る最も深い海域も含め、あらゆるところにプラスチックは存在している。北極や南極でもマイクロプラスチックが見つかったとの報告もあり、海洋プラスチック汚染は広範囲に広がっていると考えられている。

●海面を漂うプラスチック

オランダのNPO「オーシャン・クリーンアップ」の研究者によると、プラスチックの約六割は海水よりも比重が軽いため、海に流れ出たプラスチックごみの多くは海面を漂い、海流や風に運ばれ、海岸に打ち上げられたりしながら、破砕され、細かくなっていくという。その過程で、海中に沈んでいくものもあるが、海面に浮いているプラスチックごみは、数千km も運ばれる可能性がある。

世界の海洋には、環のように流れる環流がいくつもあり、うち「亜熱帯環流」と呼ばれているものが五つある。海洋を漂流するプラスチックごみは、ぐるぐると回っているこれらの海流の大きなループに入ると、渦に巻かれながら次第にループの内側へと運ばれていく。そうして、おびただしい量のプラごみがたまり続ける場所ができる。

そうしたループの中でも最大のものが、米国カリフォルニア州の沖合にある「巨大な太平洋ごみ海域」だ。英語では「Great Pacific Garbage Patch」と呼ばれている。日本では「太平洋ごみベルト」と紹介されることもあるが、「帯」というより「渦」に近いイメージだ。

二〇一八年三月に発表されたオーシャン・クリーンアップの研究によると、この海域は一六〇万km²にわたってプラごみに覆われている。日本が四つ、すっぽり入るほどの面積だ。ここのプラごみの量をモデル計算した研究によると、七万九〇〇〇トンあるという。うち四分の三以上は五cm以上の大きなごみで、少なくとも四六％は漁網だった。この海域に浮かんでいるプラごみ全体の中でマイクロプラスチックの占める割合は、質量では八%だったが、個数では一・八兆個と、推計されるプラごみ総個数の九四%を占めていた。

●海底へと沈むプラスチック

地中海やベンガル湾、南シナ海、メキシコ湾といった場所でも、亜熱帯環流と同レベルのプラスチック濃度が確認されている。目に見えやすいのは海面を漂流しているプラスチックごみだが、海面だけでなく、海のあらゆる深さにプラスチック汚染が存在しているのだ。

ユーノミア・リサーチ・アンド・コンサルティング社の二〇一六年のレポートでは、海洋に入ったプラスチックごみの行く末について、「全体の九四%は最終的には海底に蓄積する。今や、海底一km^{2}あたり平均七〇kgのプラスチックごみが存在していると推計される」と結論づけている。海底や沿岸部の堆積物と一体化した相当量の合成繊維も発見されている。しかしながら、深海に堆積しているプラスチックの総量はまだわかっていない。

●海岸のプラスチックごみ

地球全体でみたとき、海面のプラスチックごみの密度は一km^{2}あたり一kgだが、カリフォルニア沖合の「巨大な太平洋ごみ海域」では一km^{2}あたり一八kgだという。一方、世界の海岸のプラごみの密度は、一km^{2}あたり二〇〇〇kgに達するという。海岸に直接捨てられるものもあるが、波によって海から打ち寄せられるものもあり、大量のプラごみが海岸と海洋の間を行ったり来たりしているのだ。

●マイクロプラスチック

北極の海氷にもマイクロプラスチックが存在していることがわかっている。大西洋の六〇〇mまでの深さにいる深海魚の体内にも蓄積しているという。アイルランド国立大学の研究で、北大西洋の深海魚二三三尾を調べたところ、全体の七三%からマイクロプラスチックが見つかっている。

二〇一四年、マーカス・エリクセン（海洋プラスチック関連の研究所「5 Gyres」の共同創設者・リサーチディレクター）らは、五つの亜熱帯環流で七年間

海面を覆うプラスチックごみ(ムンバイ，インド　2016 年 10 月撮影，AP/アフロ)

にわたって二四回の実地調査を行い、そのデータをもとに、海洋モデルを用いて、世界の海洋に浮かんでいるプラごみの個数と重量を推測した。結果は、五兆二五〇〇億個、二七万トン近いプラごみが世界の海に浮いているというものだった。プラごみの大きさを四つに分類し、それぞれの密度分布を予測しているが、一〜四・七五㎜の大きさのマイクロプラスチックの分布をみると、日本と北米の間の太平洋、および大西洋に、幅広く高密度な海域があることがわかる。インドや東南アジアの海域にもマイクロプラスチックが高密度で存在しているという。

二〇一九年一月、九州大学の研究者らが、これまでの研究で報告されたマイクロプラスチックの浮遊量をコンピュータ・シミュレーションで再現し、五〇年先までの太平洋全域における浮遊量の予測結果を発表した。プラごみの海洋流出がこのまま増え続けた場合、太平洋海域では二〇三〇年までに海洋上層での重量濃度が現在の約二倍、二〇六〇年までには約四倍になるという。研究者らは「海洋生物がマイクロプラスチックによる環境リスクに直面する可能性がある」と警告している。

2―2　発生源

ユーノミア・リサーチ・アンド・コンサルティング社のレポートは、海に流出するプラスチックごみの八〇%以上が陸上由来としている。とくに多いのはペットボトルや容器包装用のプラスチックといった日用品だ。一次マイクロプラスチックも無視できない量である。残りの二〇%は捨てられた漁具など、海洋で廃棄されたごみである。

スウェーデンで海洋プラスチック汚染を研究しているパトリシア・ビラルビア・ゴメスとリサ・ボームガルテルは、陸上由来のプラスチックごみが海に流出するルートを大きく五つに分けている。

①下水や豪雨時の雨水が処理されずに海に流出し、含まれているプラごみが海洋に入る

②沿岸地にある埋立地から、プラごみが海に流出する

③道路上のプラごみが排水溝に入り、海に流出する

④海水浴客や釣り人など、海辺で遊んだ人たちが残したプラごみ

⑤工業生産プロセスからのプラスチック素材が不適切に廃棄され、海に流出する

また、海洋に由来するプラスチックごみには、大きく分けて四種類ある。

①漁網や漁具が波にさらわれたり捨てられたりして、海中に残るもの

②ボートや船の利用者が捨てたプラごみなど

③大型クルーズ船からの汚水・プラごみ

④輸送船からの汚水・プラごみ

海洋由来の②③④は、実はあまり知られていな

いのだが、旅客船や貨物船など船からのごみや生活排水の問題だ。船から海への廃棄物投棄は国際条約で禁止されているが、生活排水は対象外となっており、乗客や乗員が船上で使った洗顔料や洗剤に含まれているマイクロビーズが海に流出しているのだ。この問題に対しては、国際海事機関(ＩＭＯ)が対策強化の方針を打ち出している。

また、①も重要だ。「巨大な太平洋ごみ海域」のプラごみの少なくとも四六％が漁網だったように、海洋プラスチック汚染の大きな(しかしあまり注目されていない)原因の一つは漁網や漁具なのだ。

今日ではほとんどの漁網は合成繊維で作られている。つまりプラスチック製だ。天然繊維と違って水中で腐敗しないうえ、より強度を増した網を作ることもできる。また、網の種類によってさまざまな特性をもつプラスチックを用い、それぞれに適した表面加工を施し、使いやすくすることができる。この「水中で腐敗しない」長所が、いったん海中に廃棄されたり流されたりすると、漁網を「永久に海中に存在するプラスチックごみ」に変えてしまう。また、養殖牡蠣(かき)の間隔を空けるパイプ、魚を捕るワナやかご、箱といった漁具もプラスチック製が多く、漁網同様、海洋プラスチックごみの大きな発生源の一つとなっている。

日本でも、環境省が二〇一六年度に全国一〇地点で漂着ごみのモニタリング調査を実施したところ、金属、布、ガラス・陶器、紙、木材など、さまざまな漂着ごみがある中で、プラスチックごみが重量で全体の二三・三％、容積では四八・四％、個数では六五・八％と、その多くを占めていた。漂着したプラスチックごみのうち、漁網・ロープ、ブイ、その他漁具が重量では約六割に達している。

また、洪水や津波、台風などによっても、陸上にあるプラスチックやプラスチックごみが海洋に流出する。気候変動の影響で洪水や台風などの頻度や強度が増すと考えられており、大きな海洋プラスチック汚染源となる可能性がある。

世界の海洋にプラスチックごみを流出させてい

るのはどの国なのだろうか？　ジャムベックらが二〇一〇年に陸上から海洋に流出したプラごみを調べたところ、上位三カ国は、中国(年間三五三万トン)、インドネシア(一二九万トン)、フィリピン(七五万トン)だった。ベトナム(七三万トン)、スリランカ(六四万トン)、タイ(四一万トン)、マレーシア(三七万トン)、北朝鮮(一二万トン)といった他のアジア諸国も上位二〇位に含まれている。先進国では唯一、米国(一一万トン)が二〇位となっている。ちなみに、日本は六万トンで三〇位だった。

オーシャン・クリーンアップが「巨大な太平洋ごみ海域」で一八隻の船を用いて六五二回にわたって海面からごみを集めて分析したところ、質量でも個数でも、九九・九％以上がプラスチックだった。そのうちラベルや表示が認識できたものが三八六個あり、それらは九カ国の言語に及んでいた。文字が読み取れたもののうち、最も多かったのは日本語で約三分の一(一一五個)、次いで中国語(一一三個)だった。

「made in」の表示から製造国が判読できたものは四一個で、少なくとも一二カ国で生産されたプラスチックがごみとなって存在していることがわかった。日本や中国などアジア由来が多い理由として、黒潮に乗って移動すること、太平洋での漁業活動が活発であることが挙げられている。

2―3　海洋プラスチック汚染の生態系への影響

かつては、「死んだウミガメの胃袋から大量のビニール袋が出てきた」と、野生生物への影響が主に心配されていた海洋プラスチック汚染だが、今日では生態系や経済、社会へのさまざまな悪影響が明らかになってきた。人体への直接的な影響に対する懸念も大きくなりつつある。

●「ゴースト・フィッシング」

「ゴースト」とは幽霊のことで、「ゴースト・フィッシング」とは、波にさらわれたり海に捨てられたりした漁網やロープなどがずっと海の中に残って、海洋生物に巻きついたり、海底に被害を与え続けることだ。破壊的な影響を広範囲に、長時間（最悪の場合、永久に）もたらすと考えられている。

国連開発計画（ＵＮＤＰ）の二〇一六年のレポートによると、二〇〇九年に海に捨てられた「幽霊漁具」は少なくとも六四万トンに上る。二〇一八年の研究によると、「幽霊漁具」は大きめのプラスチックごみの約五〇％を占め、「巨大な太平洋ごみ海域」に漂流しているプラスチックごみの重量の約七割を占めているという。

二〇一五年に発表された研究によると、プラスチックのロープや漁網で身動きができなくなった海洋生物は、三九五種を下らないという。ウミガメ、海洋哺乳類、海鳥などの報告が多く、死に至る場合も少なくない。米国国立海洋大気庁のレポートによると、「幽霊漁具」のせいで、一～二年ほどの間に五～三〇％減少している魚類資源がいくつか確認されているという。

●海洋生物の体内への摂取

動物性プランクトンからアシカやクジラといった大型動物まで、プラスチック片を餌と間違って飲み込むことがよくある。プラスチック片の色や匂いが餌に似ている場合、間違うことが多い。また、前述したように、マイクロプラスチックの場合は、知らず知らずのうちに体内に入っていることも多い。プラスチック片の摂取は、消化管の閉塞による飢餓、誤った満腹感、健康悪化をもたらす可能性がある。海洋プラスチック汚染は地球上のあらゆる海域に広がっており、約七〇〇種の海洋生物種にさまざまな影響が及んでいるという。

また、海洋生物がプラスチックを摂取するとき、有害な化学物質も体内に取り入れている可能性があると懸念する研究者も多い。有害な化学物質は、もともとのプラスチックの成分の一部の場合もあれば、プラスチックの表面に吸着したものもありうる。国連環境計画（ＵＮＥＰ）とノルウェーの財団ＧＲＩＤアーレンダールが二〇一六年に出したレポートでは、「海洋のプラスチック粒子には、多くのよく知られた毒性物質を含め、分解しない有機化学物質を吸着する力があるため、海洋生物の体内の毒性化学物質の源はプラスチックではないかと考える研究が増えている」としている。

●沿岸および海底の生息地の物理的擾乱

大量のプラスチックごみが沿岸や海底に存在している状況は、その場所を生育地としている多くの生物に破壊的な影響をもたらす。英『ガーディアン』ウェブ版の記事によると、「インドでも最もプラスチックごみの散乱している海岸の一つであるベルソバ海岸は、ウミガメが巣づくりをする場所だったが、海岸に蓄積したプラスチックごみがあまりにも多いため、ウミガメは産卵しなくなった。二年間にわたって集中的にプラスチックごみの除去作業を行ってやっとウミガメは産卵を再開した」という。

海岸によっては、砂と混ざりあったマイクロプラスチックの濃度があまりにも高いため、砂の物理特性そのものが変わってしまい、透水性や栄養物や水の流れ、表面下の温度などに影響が出る場合がある。ウミガメの性別決定にも影響を与える可能性があるという研究者もいる。

●外来種の移送

プラスチック片は海の「浮き島」として機能し、外来種の植物や動物に「移動する仮の家」を提供する可能性がある。研究者は、有害な藻類やウイルス、微生物の宿となってそれらを移送する可能性のあるプラスチック片の塊を「プラスチック圏」と呼ぶようになっている。運ばれた生物種は、それまで存在していなかった場所に到達し、その場所の生物多様性に多大な脅威を与えかねない。

2―4　人間の健康への影響

●体内に摂取することでの影響

知らないうちにマイクロプラスチックを摂取してしまうことの人体への影響が懸念されている。

マイクロプラスチックを取り込んだ魚を人間が食べた場合、人体への影響はあるのだろうか？　現時点では確固たる結論は出されておらず、研究が進められている段階だ。プラスチック自体は人体には無害であっても、ビスフェノールやノニルフェノールといった有害な化学物質が添加されていたり、海洋中でPCB（ポリ塩化ビフェニル）などの有害物を吸着しやすいため、魚の体内で有害物が濃縮され、その害が人体に及ぶ可能性を指摘する声は少なくない。

国連食糧農業機関（FAO）によると、世界全体の動物性タンパク質の摂取量のうち、一六・七％は魚によるものだ。海洋の野生生物や養殖に対するプラスチックの影響をめぐる懸念が高まっている中、FAOは二〇一七年に「生物間の捕食によるマイクロプラスチックの移動は、魚介類での蓄積にはつながらず、生体濃縮する有毒な難分解性化学物質や添加物が人間の食事摂取全体に及ぼす影響はごくわずかである」と結論づけた。もっとも、食物中のナノプラスチック（大きさが〇・〇〇一㎜よりも小さなプラスチック）に関する知識はまだ十分ではないことを認め、さらなる研究が必要であるとも強調している。

一方、「プラスチックはすでに食物連鎖を介して上位の捕食者に移行している」と主張する研究者も多い。ベルギーのゲント大学の研究によれば、海産物（とくに牡蠣のような貝類）を大量に消費しているヨーロッパ人は、毎年一万一〇〇〇個ものマイクロプラスチックを摂取している可能性がある。

二〇一五年、チェルシー・ロックマン（カリフォルニア大学准教授）らはインドネシアと米国の市場で売られていた魚介類を調べた。インドネシアではサンプルの種の五五％、個体の二八％から、米国では種の六七％、個体の二五％からプラスチック片が見つかった。インドネシアのサンプルから発見されたのがすべてプラスチック片であったのに対し、米国のサンプルから見つかったのは主に合成繊維の繊維片だった。

ロックマンらは、プラスチックごみは海洋生物に悪影響を与え、地元の人々がタンパク質を魚介類に頼っている地域などでは、食糧確保を損なう恐れがあるという。魚介類が摂取したプラスチック片が食物連鎖を上がり、人間の健康に影響を与えることを懸念している。とくに、魚介類をまるごと食べたり、魚の腸を食する場合（インドネシアなどではある魚の腸を好んで食する）、プラスチック片が人体に入る可能性が高まる。こうしたプラスチック片は有害化学物質を含有・吸着しているものもあり、摂取されることで生物の体内に吸収されるものもある。海鳥、端脚(たんきゃく)類、ゴカイ、魚がプラスチック片を摂取すると、付随する化学物質が体内に吸収されることを示す研究があるという。

　こういった研究からも、食物連鎖を通して有害物質が生体濃縮し、最終的に人体に悪影響を及ぼす可能性が心配されている。結論を出すにはさらなる研究が必要としながらも、「これまでの廃棄物管理に由来する危険性が自分たちの海産物につきまとっていることを忘れてはならず、海産物の安全性に関する規制担当部門は、プラスチック片のリスク評価も考慮すべきである」としている。

　二〇一八年一〇月、衝撃的な研究結果が発表された。英国のブルネル大学とハル大学の研究者が、英国八カ所の沿岸で収集したムール貝や、それぞれ異なるチェーンに属する八軒のスーパーで購入したムール貝を調べたところ、そのすべてからマイクロプラスチックなどの破片が見つかったのだ。ムール貝を一〇〇g食べるごとに、約七〇個のマイクロプラスチックを摂取することになるという。スーパーのムール貝については、生よりも調理済みや冷凍のものに多くのプラスチック片が見つかっている。この研究グループの研究者も「食品に関して、混入規制を設けているものがあるように、将来的にはマイクロプラスチックに対する規制も必要になるだろう」と述べている。

　この研究で、ムール貝から見つかったプラスチック片を分析したところ、三七％はレーヨン繊維などだった。研究者たちは「合成繊維も調べる必要がある」としている。

　海産物だけではない。私たちは身近な食べ物からもマイクロプラスチックを摂取しているのかもしれない。研究者たちは、ハチミツ、砂糖、ビール、食塩の中にもマイクロプラスチック粒子を見いだしているのだ。ミネソタ大学のM・コスースらが世界の飲料水について調べた二〇一八年の研究では、水道水一五九サンプルのうち八一%に、ペットボトルの水では世界の上位ブランドの一一社から集めた二五〇サンプル中九三%に、マイクロプラスチックが見つかった。これらのマイクロプラスチックの大半は、私たちの衣類などに使われている合成繊維だと考えられている。

●プラスチックの可塑剤や化学添加物の影響

プラスチックやその添加物が人間の健康に及ぼす悪影響への懸念は、食事を通しての摂取にとどまらない。ビスフェノールAやフタル酸エステルといった可塑剤(かそ)やプラスチックへの化学添加物に慢性的に触れていることの悪影響に警鐘を鳴らす研究者もいる。こういった物質は、私たちが日常的に触れているプラスチック製品に広範に使われている。たとえば、缶詰食品の容器、哺乳びん、水のボトルなどだ。その意味では、海洋プラスチック汚染だけでなく、プラスチックの性質そのものから発生する問題でもある。

ある研究では、これらの合成化学物質は米国市民の九〇%以上の血中に存在しており、人体や野生生物の健康へのさまざまな悪影響と相関していた。がんのリスクの増大、精子の質の低下、肥満などを含む内分泌・代謝障害、注意欠陥多動性障害(ADHD)などの神経行動障害などだ。

研究者がとくに懸念を示しているのは、こういった化学添加物が野生生物(ワニや魚を含む)および人間の内分泌系に大きな影響を与えているのではないかということだ。そして、男性(オス)の性的な発育に永久的な損傷を与える可能性がある。このような内分泌かく乱化学物質にさらされた魚の子孫も、その生殖に対する悪影響を受け継ぐとする研究もある。しかし、この点をめぐる研究は今なお展開中であり、その影響の全容はいまだ明確になっていない。

●海洋のプラスチックごみが身体にからまる危険性

ＵＮＥＰの二〇一六年の報告によると、水泳・潜水中にプラスチックごみが身体にからまることで、ケガや死の危険すらある。二〇〇五年の米国沿岸警備隊の報告によると、水面下の物質との接触によって二六九件の船の事故が起こり、一五人が死亡、一一六人が負傷している。さらに、プロペラのシャフトと右舷のプロペラに捨てられた漁業用ロープがからまってフェリーが転覆し、二九二人が死亡する最悪の事態も起こっているという。

２―５　経済への影響

海洋プラスチック汚染はすでに、漁業、海運業、観光業、および自治体などの行政に悪影響をもたらし、経済的な損害を引き起こしている。海洋プラスチック汚染がこれほど大きな問題になっていなかった二〇〇四年の時点で、「アジア太平洋経済協力会議（ＡＰＥＣ）の海洋経済は、海洋ごみによって四二一〇億ドルの損失を被った」との報告が出されているが、それ以降の汚染の深刻化を考えると、莫大な損失が生じていると考えられる。

●漁業

海洋プラスチック汚染によって、漁船や漁具の破損、漁獲量の減少といった損害が生じている。業界全体の損失を見積もることは難しいが、ＥＵでは毎年漁業用の船舶全体で約八一七〇万ドルの損失が出ていると推定している。

捨てられたり波にさらわれて失われたりした「幽霊漁具」をはじめとするプラスチックごみと船が接触すると、船が破損する。修理費用がかかるだけでなく、修理不能になることもある。プラスチックごみが吸い込みバルブに詰まったり、プロペラにからみついたりするからだ。

また、海洋プラスチック汚染問題は、消費者の購買行動にも影響を与える可能性がある。ＵＮＥＰのレポートは、「消費者は自分たちの食べている海産物にマイクロプラスチックが入っていると知れば、需要を減らすかもしれない。そうなったら、漁師や海産物業界の収益が減り、消費者にとっては安全で栄養価の高いタンパク質が失われることにもなりかねない」と警鐘を鳴らしている。

●海運業界

海洋プラスチック汚染は、漁船と同じく海運業界の船舶にダメージを与えることがある。船の推進装置や冷却システムを汚損し、故障や遅延の原因になるのだ。船舶の修理だけでなく、救助活動や、負傷、最悪の場合は生命の損失という直接的なコストが生じる。生産性が損なわれたり、サプライチェーンに悪影響が及ぶことから、収益減少につながるといった間接的なコストもある。全体として、海運業界が被っている損失は、年に約二億七九〇〇万ドルに上るという推計もある。

●観光業界

観光業は、海洋プラスチック汚染の主な原因の一つであると非難されているが、一方で、被っている影響も大きい。ＵＮＥＰのレポートでは、海洋プラスチック汚染は、観光客が汚染された地域に来なくなるなど、沿岸地域の雇用および所得の減少を引き起こしているとしている。ＡＰＥＣでは、二〇〇八年、海洋ごみは観光産業に年間約一二億六〇〇〇万ドルの損失をもたらしたと推計している。

韓国の巨済島は二〇一一年、降雨が続いたあと、海岸がごみだらけになってしまった。この影響で五〇万人もの観光客を失い、二二七〇万〜三五一〇万ドルの損害を被った。同様に、スウェーデンのブーヒュースレーン地方の海岸がごみに汚染されたときにも、観光客が激減したため、地元の地域は約二二五〇万ドルの損害を被った。

●公共部門

海岸を清潔に保つことは、観光客や地元経済にとって非常に大事なことだが、一方で費用のかかる作業である。多くの地方自治体や中央政府は、プラスチック汚染を除去するための清掃予算を増やさざるを得なくなっている。

第3章　プラスチック汚染を減らすために——世界の取り組みの動向

この章では、海洋プラスチック汚染問題への対応と、使い捨てプラスチックの規制を中心に、プラスチックごみを減らすためのさまざまな取り組みを見ていこう。

3－1　海洋プラ汚染への国際的な取り組み

国際社会は、海洋プラスチック汚染問題に危機感を強め、取り組みを加速している。

国内外で取り組みが盛んになっている国連の「持続可能な開発目標」（SDGs）でも、一七ある目標の一つとして、「海洋・海洋資源の保全」（目標14）が設定されており、各国の取り組みを後押ししている。具体的にめざす目標として、「二〇二五年までに、海洋ごみや富栄養化を含む、とくに陸上活動による汚染など、あらゆる種類の海洋汚染を防止し、大幅に削減する」としている。

SDGsには、プラスチックごみを含む廃棄物や、そもそも大量の廃棄物を生み出す大量生産・消費型の社会・経済を変えていく目標もある。目標12「持続可能な消費と生産パターンの確保」がそれだ。具体的には「二〇三〇年までに、廃棄物の発生防止、削減、再生利用および再利用により、廃棄物の発生を大幅に削減する」といった目標が設定されている。

二〇一六年に日本で開催されたG7伊勢志摩サミットでは、首脳宣言で「資源効率性および3Rに関する取り組みが、陸域を発生源とする海洋ごみ、とくにプラスチックの発生抑制および削減に寄与することも認識しつつ、海洋ごみに対処する」ことを再確認した（3Rとは、リデュース、リユース、リサイクルのこと。後述)。

二〇一七年に開催された国連環境計画(UNEP)の意思決定機関である国連環境総会では「海洋プラスチックごみおよびマイクロプラスチック」に関する決議が採択され、それらに対処するための障害およびオプションを精査する専門家グループ会合を招集することを決定した。二〇一八年五月に第一回会合が開催されている。

二〇一八年六月にカナダで開催されたG7シャルルボワ・サミットでは、「G7シャルルボワ首脳コミュニケ」という公式発表で、会合の結果が採択された。「G7首脳は、健全で、繁栄しており、持続可能で公正な未来を作るため、クリーンな環境・空気・水を獲得することへ協調して臨む」という決意を表明するもので、この二七番目の項目で「海洋」が取り上げられ、プラスチック汚染問題について、次のように述べられている。

「我々は、『健全な海洋および強靱な沿岸部コミュニティのためのシャルルボワ・ブループリント』を承認し、海洋の知識を向上し、持続可能な海洋と漁業を促進し、強靱な沿岸および沿岸コミュニティを支援し、海洋のプラスチック廃棄物や海洋ごみに対処する。プラスチックが経済および日々の生活において重要な役割を果たす一方で、プラスチックの製造、使用、管理および廃棄に関する現行のアプローチが、海洋環境、生活および潜在的には人間の健康に重大な脅威をもたらすことを認識し、カナダ、フランス、ドイツ、イタリア、英国および欧州連合の首脳は、『G7海洋プラスチック憲章』を承認する」

この「海洋プラスチック憲章」は、「二〇三〇年までにすべてのプラスチックを再利用や回収可能なものにする」など達成期限付きの数値目標を含むものだが、日本は米国とともに署名せず、内外からの大きな批判を浴びることとなった。日本の立ち位置については後述するとして、現在の世界の認識の一例として、海洋プラスチック憲章は大変参考になるので、内容を掲載しておこう。単

G7 海洋プラスチック憲章

1. 持続可能なデザイン，生産およびアフターマーケット
   - 2030 年までに 100% のプラスチックが，リユース可能，リサイクル可能または実行可能な代替品が存在しない場合には，熱回収可能となるよう産業界と協力する
   - 代替品が環境に与える影響の全体像を考慮し，使い捨てプラスチックの不必要な使用を大幅に削減する
   - 適用可能な場合には 2030 年までにプラスチック製品においてリサイクル素材の使用を少なくとも 50% 増加させるべく産業界と協力する
   - 可能な限り 2020 年までに洗い流しの化粧品やパーソナルケア消費財に含まれるプラスチック製マイクロビーズの使用を削減するよう産業界と協力する
   - その他，グリーン調達，セカンダリーマーケットの支援など

2. 回収，管理などのシステムおよびインフラ
   - 2030 年までにプラスチック包装の最低 55% をリサイクルまたはリユースし，2040 年までにはすべてのプラスチックを 100% 熱回収するよう産業界および政府の他のレベルと協力する
   - すべての発生源からプラスチックが海洋環境に流出することを防ぎ，収集，リユース，リサイクル，熱回収または適正な廃棄をするための国内能力を向上させる
   - 国際的取り組みの加速と海洋ごみ対策への投資の促進
   - その他，サプライチェーンアプローチ，パートナーとの協働など

3. 持続可能なライフスタイルおよび教育
   - 消費者が持続可能な決定を行うことを可能とするための表示基準の強化
   - 意識啓発や教育のためのプラットフォームの整備
   - その他，産業界のイニシアティブの支持，女性や若者のリーダーシップなど

4. 研究，イノベーション，技術
   - 現在のプラスチック消費の評価など
   - G7 プラスチックイノベーションチャレンジの立ち上げの呼びかけ
   - 新しい革新的なプラスチック素材の開発誘導と適切な使用
   - その他，研究促進，モニタリング手法の調和，プラスチックの運命分析など

5. 沿岸域における行動
   - 市民認知の向上やデータ収集，沿岸ごみの除去などのキャンペーン実施
   - 2015 年の G7 首脳行動計画の加速化など

なる環境政策ではなく、イノベーションも含む産業政策であり、インフラやライフスタイル、教育などにも及ぶ取り組みであることがわかる。

G7だけでなく、G20でも二〇一七年に開催されたハンブルク・サミットで初めて、海洋ごみを首脳宣言で取り上げ、「海洋ごみに対するG20行動計画」を立ち上げることが合意された。二〇一九年六月末のG20大阪サミットでも海洋プラスチック汚染がテーマの一つだ。

このように、国際レベルでは、海洋プラスチックごみの問題意識が共有され、取り組みが推進されてきた。次に、こうした国際レベルの動きを先導しているEUの取り組みを見てみよう。

3—2 EUの取り組み

EUでは二〇一八年にプラスチックに関する大きな動きが出てきた。まず一月に、欧州委員会が「二〇三〇年までに使い捨てのプラスチック容器包装を域内でゼロにする」という目標を掲げ、「EUプラスチック戦略」を発表した。四つの施策を挙げている(左ページ表)。

同年五月、欧州委員会は大量に蓄積した有害な海洋プラスチックごみの削減に向けて、EU全域にわたる新しい規制を提案した。欧州の海岸や海に多く見られる、使い捨てプラスチック一〇品目と漁具を対象とした規制だ。

図4(三八ページ)の規制内容を見てみると、取り組みやすい「意識向上」だけではなく、さまざまな規制や市場手段などを組み合わせて実効性の確保をはかっていることがわかる。そして、多くの品目に対して、拡大生産者責任(EPR:Extended Producer Responsibility)が設定されている。

拡大生産者責任とは、生産者が製品の生産・使用段階だけでなく、廃棄・リサイクル段階まで責任を負うという考え方で、生産者が使用済み製品を回収、リサイクルまたは廃棄し、その費用も負担することになる。日本の各種リサイクル法も、基本的にこの考え方に則っているが、EUでは風

EU プラスチック戦略

(1) プラスチックリサイクルの経済性と品質の向上
- 2030 年までにすべてのプラスチック容器包装を，コスト効果的にリユース・リサイクル可能とする
- 企業による再生材利用のプレッジ・キャンペーン
- 再生プラスチックの品質基準の設定
- 分別収集と選別のガイドラインの発行

(2) プラスチック廃棄物と海洋ごみ量の削減
- 使い捨てプラスチックに対する法的対応のスコープを決定する
- 海洋ごみのモニタリングとマッピングの向上
- 生分解性プラスチックのラベリングと望ましい用途の特定
- 製品へのマイクロプラスチックの意図的添加の制限
- タイヤ，繊維，塗料からの非意図的なマイクロプラスチックの放出を抑制するための検討

(3) サーキュラー・エコノミーに向けた投資とイノベーションの拡大
- プラスチックに対する戦略的研究イノベーション
- ホライゾン 2020(技術開発予算)における 1 億ユーロの追加投資

(4) 国際的なアクションの醸成
- 国際行動の要請
- 多国間イニシアティブの支援
- 協調ファンドの造成(欧州外部投資計画)

船やウェットティッシュなどの品目にもこの拡大生産者責任を適用することで、排出削減やリサイクルを進めようとしているのだ。

また、この対象品目に「漁具」が入っていることにも注目したい。海洋プラスチックごみの大きな割合を占め、「ゴースト・フィッシング」によって海の生態系や船舶などに大きな影響を与えているにもかかわらず、これまでほとんど手が打たれていなかったからだ。

同年一〇月には、ＥＵ議会が「ＥＵ市場全体における使い捨てプラスチック製品を二〇二一年から禁止する」という規制案を可決した。規制対象は、次の

	消費削減	市場規制	製品デザイン要求	ラベル要求	EPR	分別収集対象物	意識向上
食品容器	○				○		○
飲料のフタ	○				○		○
綿棒		○					
カトラリー・皿・マドラー・ストロー		○					
風船棒		○					
風船				○	○		○
箱・包装					○		○
飲料用容器・フタ			○		○		○
飲料用ボトル			○		○	○	○
フィルター付たばこ					○		○
ウェットティッシュ				○	○		○
生理用品				○			○
軽量プラスチック袋					○		○
漁具					○		○

図 4　EU の使い捨てプラスチック等に対する規制

- **消費削減**：各国が削減目標を設定し，代替品普及や使い捨てプラスチック有料配布を実施
- **市場規制**：代替品が容易に手に入る製品は禁止．持続可能な素材で代替品を作るべき製品の使用禁止
- **製品デザイン要求**：複数回使用可能な代替品・新しい素材やより環境に優しい製品デザイン
- **ラベル要求**：廃棄方法表示・製品の環境負荷表示・製品にプラスチックが使用されているか表示
- **EPR**(拡大生産者責任)：生産者はごみ管理・清掃・意識向上へのコストを負担する
- **分別収集対象物**：デポジット制度等を利用し，シングルユースのプラスチック飲料ボトルの 90% を収集する
- **意識向上**：使い捨てプラスチック・漁具が環境に及ぼす悪影響について意識向上させ，リユースの推奨・ごみ管理を義務づける

ものである。

●食器、カトラリー（ナイフやフォーク等）、ストロー、風船棒、綿棒などの使い捨てプラスチック製品

●酸化型分解性の袋や包装材、発泡ポリスチレンのファストフード容器

また、規制対象以外のプラスチックに関しても以下のような方針が設けられている。

●加盟国は、リユースやリサイクルの計画に加え、複数回使用できるプラスチック製品の使用を推奨する計画の草案を各国で策定する

●代替品が存在しない品目（例：果実や野菜、サンドイッチ、アイスクリームなどの食品を販売する際に用いる容器）は、二〇二五年までに少なくとも二五％使用量を削減する

●飲料容器等のその他のプラスチック製品を、二〇二五年までに九〇％リサイクルする

●とくにプラスチックを含有するたばこを、二〇二五年までに五〇％、二〇三〇年までに八〇％削減する

●海洋中に紛失または廃棄された漁具を、少なくとも毎年五〇％回収する。また、これらを二〇二五年までに一五％リサイクルする

●加盟国は、たばこや漁具の製造業者がこれらの廃棄物を回収・処理する費用を確保する

二〇一九年三月、EU議会はさらに進んで、二〇二一年から使い捨てプラスチックを欧州全域で禁止する法案を可決した。

3―3　各国政府の取り組み

各国政府も問題への対応を進めている。

二〇一七年に国際自然保護連合（IUCN）がまとめた「EU諸国の海洋プラスチック汚染に関する国家政策」の概要を見ると、ベルギー、ブルガ

リア、クロアチア、キプロス、デンマーク、ドイツ、ギリシア、アイルランド、イタリア、ラトビア、リトアニア、マルタ、スペイン、英国など、多くのEU諸国が具体的な削減目標を設定している。ベルギーでは地域レベルでも目標を設けていて、フランドル地方では「二〇二五年までに海洋環境への流出を七五%削減する」としている。

●使い捨てプラスチックの規制

現在、対策の中心は、使い捨てプラスチックの規制である。日本には自治体やNGOでレジ袋の削減に取り組んでいるところはあるが、国レベルでの包括的なプラスチック規制は現時点では存在しない。しかし、多くの国で「使い捨てプラスチック製品の使用禁止」が始まっているのだ。

とりわけ目につきやすいレジ袋への具体的な対策を進めている国も多い。まず、いくつかの国の使い捨てプラスチック規制の内容を見ていこう。

●英国：二〇一八年一〇月二二日、プラスチック製ストロー、マドラーおよび綿棒の配布および販売を禁止する計画を発表。二〇一九年一〇月〜二〇二〇年一〇月の間に発効予定。

英国ではすでに、マイクロビーズの使用禁止措置や、使い捨てのプラスチック製レジ袋に対して五ポンドを課す施策をとっている。これにより一五億枚のレジ袋削減を達成し、主要なスーパーマーケットでの流通量は八六%削減したとのこと。今回のストローなどの禁止は、こうした既存の施策に続くプラスチックの削減措置である。

●フランス：二〇一六年八月三〇日に政令を公布し、二〇二〇年一月一日以降、使い捨てプラスチック容器の使用を原則禁止するとしている。対象製品は、主な構成要素がプラスチックで使い捨ての想定されるタンブラー、コップおよび皿。

●イタリア：二〇一八年六月、欧州委員会に対して、二〇二〇年一月一日より、マイクロプラスチックを含有する、洗い流しの化粧品の製造およびマーケティングを禁止する計画を通知した。また、二〇一九年一月一日より、非生分解性で堆肥化できない綿棒も禁止。いずれも違反に対する罰金が設定されている。

●サウジアラビア：サウジアラビア標準化公団は二〇一七年七月九日、プラスチックに関する新たな規制を発表した。同年一二月一二日の運用開始で、厚さ二五〇ミクロン以下のポリエチレンまたはポリプロピレン（主に容器包装に用いられる）を使用したプラスチック製品の製造・輸入を禁止するとともに、プラスチック製品における政府承認の酸化型生分解性材料の使用を義務づける内容だ。

●コスタリカ：二〇二一年までにペットボトルやレジ袋など使い捨てプラスチック製品を、再生可能かつ一八〇日以内に水中で分解可能な製品に置き換えることを宣言している。

アジアでは、台湾が二〇三〇年に予定されたストローやレジ袋などの完全使用禁止に向けた移行計画を発表している。二〇一九年から、食品・飲料業界でいくつかの段階に分けて、使い捨てプラスチック飲料用ストロー、プラスチックバッグ、使い捨てプラスチック容器・器具を禁止する予定である。

UNEPの二〇一八年のレポートによると、使い捨てのプラスチックごみを減らすために、禁止や課金を行っている国は六〇カ国を超えている。

なかでも、レジ袋に対する規制を有する国は多い。レジ袋規制は、課税や有料化によって使用量を削減しようという「課税・有料化」と、使用そのものを禁ずる「禁止令」に分けることができる。

「課税・有料化」を採り入れているのが、ベルギー、デンマーク、ハンガリー、アイルランド、マルタ、ポルトガル、前述した英国などだ。ベルギーでは使い捨てカトラリーなどにも同様の税金を導入している。ブルガリア、クロアチア、ドイツ、リトアニア、ルーマニア、スロバキア、スウェーデンでも課税・料金設定がされている。

課税や料金設定よりも厳しい「禁止」に踏み切る国も増えている。ベルギーのブリュッセル地域では、二〇一七年九月にレジでの使い捨てレジ袋の提供が禁止された。フランスでは二〇一六年七月に使い捨てレジ袋が、二〇一七年一月からは包装用バッグの提供がされなくなった。チェコ共和国も法律で無料のレジ袋提供を禁止している。イタリアでは二〇一四年以来、生分解性ではない軽量レジ袋・ビニール袋の配布は禁止されている。オランダでも二〇一六年以来、無料でのレジ袋配布を禁止している。

環境先進国として認識されているヨーロッパ諸国だけでなく、アフリカや中南米諸国、アジアなどの途上国でも、日本よりも強い規制が存在している。たとえば、ルワンダでは、二〇〇八年からすでに、レジ袋やビニール袋の製造・輸入・販売・使用が全面禁止されている。ルワンダの空港に到着した旅行客のスーツケースにビニール袋が入っていれば没収されるという。ケニアなどでも同様の厳しい方策が導入されている。

アジアでは、インドネシア、バングラデシュ、マレーシア、カンボジア、台湾などに加えて、インドもプラスチックの袋の販売と使用を禁止し、カトラリー、袋、カップ、および他のプラスチック製品の一度のみの使用も禁止している。

また、使用だけではなく、製造も禁止している国も多い。現在、一七カ国でレジ袋は製造も禁止されている。

●リサイクルと再生プラ使用の促進

経済・社会から排出されるプラスチックごみを減らすために、政府ができることの一つは、今述べたような「禁止を含む規制」である。もう一つ、使用済みのプラスチックを、ごみにするのではなく、資源として活用する産業や経済へのシフトを後押しすることも重要だ。いくら回収・リサイクルして再生プラスチックを作っても、それを買ってくれる事業者がいなくては、リサイクルは回らない。つまり、使用済みプラスチックの回収・リサイクルのしくみをつくるだけでなく、リサイクルの結果生まれる再生プラスチックを原材料として用いるよう支援することが重要だ。

日本には現在のところ、再生プラスチックの使用を促進する規制やインセンティブがなく、早期の設定が望まれる。他方、ドイツでは、環境に配慮した製品に付されるエコラベル「ブルーエンジェル」の基準に「筐体（きょうたい）プラスチック重量に対して五%以上の回収材比率」と定めており、今後再生プラスチックの使用をさらに要求していく予定という。スウェーデンも、二〇一五年二月に、入札条件で「製品重量に対するプラスチック回収材比率を二%以上」と定めた。韓国でも、グリーン公共調達制度において、バイオプラスチックフィルムや再生ゴムが対象に指定されている。

米国でも、二〇一三年から、環境配慮製品調達のためのシステム「EPEAT（イーピート）」の評価基準に再生プラスチックの比率の記載が必須となっており、さらに五%以上使用している場合はオプションとして評価される。また、同様に環境配慮製品調達のためのシステムである「包括的物品調達ガイドライン（CPG）」ではオフィスリサイクル容器や再生自動車部品が、「バイオプリファードプログラム」では発泡スチロールリサイクル製品が対象に指定されるなど、再生プラスチックの使用を促進している。

二〇一八年一〇月、英国政府は「再生原料を三〇%以上用いていないあらゆるプラスチック容器包装に対するプラスチック税を導入する」計画を発表している。これは、プラスチック容器包装の使用を抑制するとともに、再生原料の利用を促進する動きだ。

3—4　海洋からプラごみを除去する取り組み

ここまで、国際レベル、EU、そして各国のプラスチックごみに対する目標や施策を見てきた。ここで、ＮＰＯによる取り組みを見てみよう。

先述したように、人工物であるプラスチックは自然環境中にとどまり続ける。「現時点ですでに海洋に出てしまっているプラスチックごみは物理的に取り除くしかない」のだ。

海洋プラスチックごみを物理的に取り除く取り組みの中でよく知られているのは、日本でも各地で行われている「ビーチ・クリーンアップ運動」だ。これは、海岸に漂着したごみを分別しながら拾い集め、その量や質に関する実態をデータとして集計する国際的な活動である。「大量のプラスチックごみが海岸と海洋の間を行ったり来たりしている」と先述したが、海岸に打ち寄せられるプラスチックごみを収集することで、海洋プラスチックごみを減らすことができる。

また、河川から海への流出を防ぐため、河川でのごみ拾い運動も重要である。人手によるごみ拾いだけでなく、技術を活用した取り組みもさまざまに進められている。そのいくつかを紹介しよう。

ミスター・トラッシュ・ホイール(Waterfront Partnership of Baltimore 提供)

米国メリーランド州のボルチモア市では、ウォーターフロント・パートナーシップ・オブ・ボルチモアというＮＰＯ団体が、「ミスター・トラッシュ・ホイール」プロジェクトを行っている。水力や太陽光の力を利用して、ジョーンズ・フォールズ・リバーを流れるごみを収集する。川の流れがホイールを回転させ、水中のごみを拾い上げてごみ運搬船に載せる。水量が足りないときには、ソーラーパネルが発電する電力でホイールを駆動する。ごみ運搬船は満杯になると、ボートで曳航され、次のごみ運搬船がやってくる。

オランダでは、船や魚の移動を妨げることなく、河川から海へのプラスチックごみの流入を止めるために、「気泡のカーテン」を川の中に設けるという新技術が開発されている。エンジニアリング企業が開発した「グレート・バブル・バリア」は、水路の底に置かれたチューブの穴から気泡を発生させ、川底から水面までカーテンのように「遮断」する。船や魚は自由に行き来ができるが、プラスチックごみは下から上へと上昇する気泡のカーテンにひっかかって水面に浮上する。川の流れに対して斜めに設置すると、川岸にプラスチックごみが集まり、回収・除去がしやすくなるという。

ボイヤン・スラット（The Ocean Cleanup 提供）

このような「水際作戦」だけではなく、海洋に出て行って、漂流・滞留するプラスチックごみを回収しようというプロジェクトもある。船を出し、網でプラスチックごみを回収する活動もあるが、あまりにもコストがかかりすぎる。そこで、先進的な技術を活用して、海洋プラスチックごみを回収しようという「オーシャン・クリーンアップ」プロジェクトに世界の注目が集まっている。

これは、オランダの大学生だったボイヤン・スラットが二〇一三年、一八歳のときに立ち上げたプロジェクトだ。発明家でもある彼は、その後大学を退学して、このプロジェクトに専念するようになり、ＮＰＯを設立。現在八〇名を超える技術者などのメンバーが技術開発、実用化、実験等を進めている。

具体的には、六〇〇ｍの長さのフローターを海

海洋プラスチックごみを回収するフローター（The Ocean Cleanup 提供）

面に浮かべ、その下についている深さ三ｍの裾部分でプラスチックごみをとらえる。海流と風力と太陽光発電を用いるパッシブシステムで、外部からのエネルギー投入なしに稼働できる。全面稼働すれば、「巨大な太平洋ごみ海域」のプラスチックごみの半量を五年間で回収できるという。

二〇一八年九月、予定通りサンフランシスコ湾からテスト航海に出て「巨大な太平洋ごみ海域」へ向かい、試運転しながらのデータ収集が始まった。同年一二月末、システムの不調によりいったん港に戻ったが、修理・更新後に再びプロジェクトを継続する予定で、成果が待たれている。

第4章　プラスチックごみ問題を考える視点と枠組み

すでに海洋に出てしまったプラスチックごみを回収することも大事だが、根本的な解決のためには、これ以上プラスチック汚染を発生させない、「モトから断つ」取り組みが不可欠である。

プラスチックごみの発生を抑制するための取り組みは多岐にわたり、主体者もさまざまである。個別の取り組みに入る前に、まずその全体像を押さえておきたい。

4―1　基本的枠組み

プラスチックごみを考える際に、重要な視点が四つあると考えている。

①供給源の問題か、吸収源の問題か
②さまざまな環境・社会問題の中で、何にどのようにつながっているか
③ニーズ達成プロセスのどこに働きかける取り組みか
④取り組みの主体は政府か、事業者か、生活者か

これらの枠組みは、プラスチックごみ問題に限らず、環境問題を考えるうえで重要だ。一つずつ説明していこう。

①供給源の問題か、吸収源の問題か

私たちの暮らしも経済活動も、地球から資源やエネルギーを取り出すことで営まれている。また、暮らしや経済活動で不要になったものは、廃棄物として地球に戻される。私たちの暮らしや経済活

動から見ると、地球は資源やエネルギーの「供給源」であり、廃棄物の「吸収源」でもある。

「供給源」としての地球から供給されるものは、木材、魚、淡水、太陽光や風力といった「再生可能な資源」もあれば、石油・石炭・天然ガスなどの化石燃料や鉱物資源といった「再生不可能な資源」もある。言うまでもなく、再生不可能な資源は使い切ったら、あとは使えなくなる。再生可能な資源は、その資源が再生するペースを超えなければ持続可能に使い続けることができる（年間の伐採量を一年間に森林が成長する量以下にするなど）。

他方、「吸収源」としての地球に吸収してもらう廃棄物も、地球が吸収し、無害化できるペースを超えずに排出していれば、問題ない。しかし、それを超えてCO_2が排出されているために温暖化が生じるように、地球の吸収能力を超えて廃棄物を排出するのは持続可能ではない。また、自然由来ではない人工物のように、そもそも地球には吸収できないものもある。言うまでもなく、そういったものを排出し続けるのは持続可能ではない。

「これは環境問題だ」と言うとき、「供給源としての問題」と「吸収源としての問題」を区別することが肝要だ。ごっちゃになったままでは議論がかみ合わないことがよくあるからだ。

プラスチックの問題で言えば、数十年前に「レジ袋をやめよう」という運動が広がったことがあった。そのときの主な理由は「化石資源は枯渇するから」であった。そこで、業界団体から、「レジ袋は原油を精製する過程で生じるナフサを使って製造しているのだから、レジ袋をやめても化石資源の保全には関係ない」という声が上がり、運動の勢いは失われた。ここでの問題は「供給源としての問題」であった。

昨今の「レジ袋をやめよう」という動向は、「吸収源としての問題」への対処として出てきていることに留意したい。たとえ、資源面で問題がなくても、製造・使用・廃棄されたレジ袋が道ばたや世界中の海に散逸し、もともと自然環境では分解されないプラスチックごみとしてたまり続けていることが問題となっているのである。「化石資源ではなく、再生可能な生物資源で作ったバイオマスプラスチックです」と言われても、「そのプラスチックが海洋などの自然環境で分解し、消えていく(地球に吸収される)ものでない限り、現在問題とされているプラスチックごみの解決策にはならない」と答えなくてはならない。この区別を忘れないようにしたい。

②さまざまな環境・社会問題とのつながり

私たちが直面している環境・社会問題にはさまざまなものがあり、それらは別個で独立したものではなく、つながっている。したがって、ある環境問題に対する対策が、他の環境問題をも解決することもあれば、逆に別の環境問題や社会問題を引き起こすこともある。

たとえば、温暖化対策として地球のCO_2吸収能力を増強するには、CO_2吸収力の強い樹種(ユーカリなど)をできるだけたくさん植えるのがよいだろう。ただし、広大な面積に単一樹種を植えることは、生物多様性の観点からはマイナスとなる。環境問題への対応には、このようなトレードオフがついてまわるのだ。つまり、「総合的に見て」、または「最も逼迫した問題に対して」、どの解決策がよいかを選んでいかなくてはならない。

プラスチックの問題で言えば、その原料としての「資源問題」もあれば、本書のテーマであるごみとしての「汚染問題」もある。また、プラスチックごみを燃焼したときに排出されるCO_2は「温暖化問題」を引き起こす。燃焼設備によっては、プラスチックごみの燃焼は「大気汚染問題」や、それによる「健康問題」にもつながる。

生物資源によるバイオプラスチックを大量に生産・使用するようになれば、「生態系や生物多様性の問題」を引き起こす可能性がある。再生可能エネルギーとしてのバイオマス発電の増加とも相まって、「森林問題」を引き起こし、森林衰退は

「洪水や土砂崩れといった災害」や、「地域経済の疲弊」にもつながりかねない。

「プラスチックごみが問題なのだから、それさえなくなればよい」という近視眼的な考え方ではなく、その問題や対策が他のさまざまな問題にどのようにつながっているかを十分に考えたうえで、手を打っていく必要がある。そうしなければ、将来「予期せぬ問題」が発生する可能性があるのだ。

③ニーズ達成プロセスに働きかける

言うまでもないが、私たちがプラスチック製の使い捨て製品を使うのは、それによって何らかのニーズを満たすためである。たとえば、「買ったものを何かに入れて運びたい」(レジ袋)、「飲料を持ち運びたい」(ペットボトル)、「容器に口をつけずに飲み物を飲みたい」(ストロー)など。

そういった「ニーズを満たす方法」という観点から、プラスチックごみを減らすさまざまな取り組みを整理することができる。以下に、私なりの整理の枠組みを示す。最初の分岐点は、今使っているプラスチック製の使い捨て製品を使い続けるか、使わないようにするか、である。全部で七つのアプローチがある。

●今使っているプラスチック製の使い捨て製品を使い続けるとしたら

a リデュース(減量化):製品は同じだが、軽量化や薄肉化(うすにく)によって、使用量・廃棄量を減量する

例:レジ袋や包装用プラスチックの薄肉化、ペットボトルの軽量化、など

b リユース(再利用):同じ製品を、同じニーズを満たすために再利用する

例:一度買って使い終わったペットボトルに、水道水や自宅でつくったお茶を入れて使う、一度もらったプラスチック製スプーンを洗って持ち歩く、など

c リサイクル(回収し、再資源化する):使用

後ごみにせずに、回収し、同じ製品や違う製品を製造する際の原材料にする

例：ペットボトルを回収・リサイクルして、原料化し、再びペットボトルを製造する「ボトル・ツー・ボトル」など

●今使っているプラスチック製の使い捨て製品を使わないとしたら

d　リプレース：代わりのものを使う

d－1　代替原料：同じく使い捨てプラスチックだが、原料を変えて生分解性プラスチックにする

d－2　代替素材：同じく使い捨てだが、プラスチック以外の素材で作られた製品を使う

例：紙製や木製のストロー、紙製の使い捨てバッグ、紙製の飲料容器、軽量ガラスびんなど

d－3　使い捨てでない代替物

例：マイバッグ、マイ水筒、ステンレス製のマイストローなど

e　リフューズ：そのニーズを満たすことをやめる

例：買ったものを手で持って帰る、ストローを使わずに飲み物を飲む、など

④取り組みの主体――政府か、事業者か、生活者か

プラスチックごみ問題に限らず、環境問題ではつねに「だれが取り組みの主体になるべきか」という議論が出てくる。「政府が規制をすべきだ」「企業が技術革新を進め、素材や製造プロセスを変えるべきだ」「一般の人々のライフスタイルと価値観を変えるべきだ」といった具合だ。

政府ができることは、使用禁止や規制をかけることで、事業者と国民の取り組みを後押しすることだ。また、先述したように、再生原料の利用率を設定することで、再生原料の市場が大きくなり、リサイクルを経済的に回すことが可能になる。

事業者は、とくに減量化やリサイクルを進め、

その手法や代替素材の技術開発を進めることが大きな役割である。事業者でなくては進められない取り組みが多く、企業にとっても競争優位性を勝ち得るための土俵となる。また、主に小売業の事業者は、ポイント制や有料化などのプラス・マイナス両方のインセンティブをじょうずにつくりだし、消費者の行動変容を促すことができよう。

市民は、リユースや代替物の利用を進め、そもそものニーズを満たすことをやめるなど、毎日の行動を変えていく必要がある。また、企業に対し、リサイクル素材や代替素材の製品化を求め、そういった製品を優先して利用することで、企業の取り組みを後押しすることができる。政府に対して、適切な規制や禁止令を求めていくことも、生活者の取り組みの一環である。

4—2　実際の取り組み例

では、どのような取り組みが行われているか、③のニーズ達成プロセスに沿って、順番に例を見ていこう。自分たちの取り組みや知っている事例などがあれば、ぜひ追加していってほしい。

a　リデュース（減量化）

中国では二〇〇八年から、生分解性ではない二五ミクロン未満のプラスチック製の袋を禁止し、それより肉厚のものは消費者から課徴金を徴収している。これによって、スーパーでのポリ袋やレジ袋の使用量は六〇〜八〇％減少したという。

日本では、改正容リ法のもと、小売業で容器包装を小売用途で五〇トン以上利用する事業者は毎年使用量、使用原単位、前年度比等を報告する定期報告制度が二〇〇七年度から施行されている。容器包装を用いた量は二〇〇七年度の四三・八万トンから二〇一四年度には三五・八万トンに減少。容器包装で最も大きな割合を占めるプラスチック容器包装では、売上高あたりの容器包装を用いた量は、二〇〇七年度を一〇〇とすると二〇一四年度には八六・二まで低減していることからも、原単位としての減量化は進んでいることがわかる。

日本の３Ｒ推進団体連絡会の「容器包装の３Ｒ推進のための自主行動計画　フォローアップ報告」によると、ペットボトルに関しては、二〇〇四年度に比べ、二〇一四年度には一五・六％の軽量化効果が得られている。

容器包装は中身の食品を保護するなどの役割があるため、軽量化・薄肉化にも限界があろう。可能な部分は減量化を進めつつ、他の方策をあわせて考えていく必要がある。

b　リユース（再利用）

かつてスウェーデンでは、使用済みのペットボトルを回収、洗浄して、再利用する取り組みを行っていたが、ＥＵ全体のリサイクルシステムの進展で、再利用はなくなったという。個人で使用済みのペットボトルやカトラリー、レジ袋やビニール袋を洗って再利用することはあっても、衛生上の問題などもあるのだろう、政府や自治体、業界でのリユースの取り組みはあまり聞かない。

c　リサイクル（再資源化）

回収した使用済みプラスチックを再び資源として活用するのがリサイクルである。プラスチックのリサイクルには次の三つの手法がある。

①マテリアルリサイクル：廃プラスチックを原料としてプラスチック製品に再生する手法（ペットボトルのフレークから、ユニフォームやカーペット、事務用品を生産するなど）

②ケミカルリサイクル：廃プラスチックを化学的に分解するなどして、化学原料に再生する手法（ペットボトルのボトル・ツー・ボトルなど）

③サーマルリサイクル：廃プラスチックを固形燃料にしたり、焼却して熱エネルギーを回収する手法

熱エネルギーを回収するサーマルリサイクルは、何もせずに燃やすよりはましではあるが、結局燃やしてしまうので、これを「リサイクルとしてカ

ウントすべきではない」という声もある。できれば原材料として、難しければ化学的に、それも無理であれば、せめて熱エネルギーを回収しようというカスケード型の考え方が大事である。

リサイクルのために必要なことが三つある。

一つめに、使用済みのプラスチックを効率よくコストをかけずに回収するしくみが重要だ。

二つめは、再資源化の技術開発である。元のプラスチックより質の悪いプラスチックにしかリサイクルできなければ、最終処分場へ送られるか焼却されるまでの時間稼ぎにはなっても、サーキュラー・エコノミー(後述)として循環し続ける原材料をつくり出すことはできない。使用済みペットボトルを原料に、ペットボトルを生産する「ボトル・ツー・ボトル」のように、品質を落とさずリサイクルする、さらには品質を上げる「アップグレード・リサイクル」技術など、今まさに世界の企業が研究開発にしのぎを削っている分野である。

三つめは、回収・リサイクルして生産される再生原料への需要があることだ。「出口」がしっかりできていないと、リサイクルしても結局再生材の山ができるだけ、となってしまうからだ。

一つめの回収については、欧州などではデポジット制を導入しているところも多い。たとえばスウェーデンでは、スーパーにデポジット制容器の回収機があり、ペットボトルなどを回収している。使用済みのペットボトルを入れると、デポジットとして上乗せして支払っていたお金が戻ってくるしくみだ。二〇一七年には二万トン以上の使用済みペットボトルを回収し、再資源化した。ペットボトルのリサイクル率は約八五％に達しているが、九〇％という目標をめざして取り組みが続いている。英国のスーパーでも、「逆自販機」を試している。顧客が使い終わったペットボトルを入れると、一本につき一〇ペニーが出てくるしくみだ。

英国には、「オン・パック・リサイクリング・ラベル」(ＯＰＲＬ)というラベリングのしくみがあり、消費者が正しくリサイクルできるよう、わかりやすいラベルを提供している。すでにラベルの認知度は七〇%に達し、六〇〇を超えるブランドがラベルを利用している。

OPRLでは、スマートフォンなどに向けて「We Recycle」アプリを開発し、英国リーズ市で実用化している。アプリでパッケージについたバーコードを読み込むと、消費者はその素材がリサイクルできるかどうかがわかるだけでなく、いちばん近いリサイクル場所までの距離も知ることができる。ITを活用し、回収を促進する新しい取り組みだ。

オン・パック・リサイクリング・ラベル

フィリピンのカヴィテ州アマデオでは、興味深いやり方で使用済みプラスチックの回収を進めている。プラスチックごみ一kgと米一kgを交換しているのだ。町のごみの約六割が生分解性ではないプラスチックだという。回収されたプラスチックは「エコレンガ」に再生される。住民にも好評で、他の町にも広がっているという。

企業も回収の取り組みを展開している。世界最大手のデッキメーカーであるトレックスは、学校や大学、地域向けにリサイクルプログラムを展開してビニール袋を回収・リサイクルし、看板商品であるデッキに再利用しているのだ。同社のデッキ製品の原材料の九五%は再生素材であり、平均五〇〇平方フィート(約四六m^2)のトレックス製デッキには、約一四万枚の使用済みプラスチック袋が使用されているという。同社では「今日わが社は、北米で最大のプラスチック・リサイクル業者の一つとなっている」としている。

日本ではどうだろうか? 日本では、プラスチック容器包装ごみの回収は主に市町村によって行われている。全市町村の約七五%(人口カバー率約八三%)がプラスチック容器包装を分別収集している。分別収集を実施する市町村の増加に伴い、回収された容器包装廃棄物が再商品化製品となって販売される量も、全体的に増加傾向にある。

回収する廃棄物を何種類に分別するかは自治体によって異なるが、一般的に、細かく分別するほど再資源化が進むと考えられる。徳島県上勝町は、「できるだけ燃やさない」と日本で初めてゼロ・ウェイスト宣言を行い、町民ぐるみで四十五ものきめ細かな分別を行うことで、焼却に回される廃棄物を最少化している。

使用済みプラスチックは、①再資源化マークのついているプラスチック容器包装、②再資源化マークのついていない他のプラスチック（スプーン、ストロー、ハンガー、おもちゃ、弁当箱、バケツ、カセットテープ、ペン、クリアファイル、ＣＤとそのケースなど、製品プラスチックが主であり、容器包装リサイクルに回せない汚れたプラスチック容器包装もここに分別される）、③白トレイ、④トレイ以外の発泡スチロール（トロ箱、緩衝材など）、⑤ペットボトル、⑥プラスチック製キャップ、の六種類に分けて収集している。容リ法の対象である容器包装プラスチックだけでなく、製品プラスチックも分別回収し、固形燃料として再資源化している。

上勝町でゼロ・ウェイストを推進するＮＰＯ法人ゼロ・ウェイストアカデミーは、花王の推進する「リサイクリエーション®」の実証実験（後述）にも協力している。液体洗剤などの「詰め替えパウチ」を収集してプラスチック素材にリサイクルし、リサイクル・ブロックをつくるというプロジェクトだ。このプロジェクトは花王がスポンサーとなり、リサイクルのためのしくみはテラサイクル社が担っている。同じテラサイクル社のコーディネートによるプログラムとして、他にもライオンがスポンサーとなっている歯ブラシのリサイクルプログラム（後述）にも参加している。

また、自治体ではなく事業者が回収する例として、イトーヨーカドーはノルウェーのトムラ社の自動回収機を使ってペットボトルの回収を行っている。ペットボトルを投入するとリサイクルポイントがもらえ、集めて買い物に使うことができる。回収という「入口」とともに、再生素材の利用という「出口」を推進しなくてはならない。

　日本では、プラスチック容器包装廃棄物の再生材の利用を促進するため、改正容リ法のもと、二〇一〇年度から「総合的評価制度」を設け、リサイクルの質・用途の高度化等の評価基準によって、再商品化製品の単一素材化や高度な利用などが進められている。その結果、台所用品や書棚ラック、OAフロア、自動車部品等の工業製品といった製品分野で再生材が使用されるようになった。総合的評価制度導入後の再商品化製品（ペレット）の平均売価も上昇しているとのことで、再生材の市場が徐々に形成されつつあるようだ。ペットボトルのリサイクルの「出口」としては、シートや繊維製品の他、約一割はボトル・ツー・ボトルの水平リサイクルも行われるようになっている。

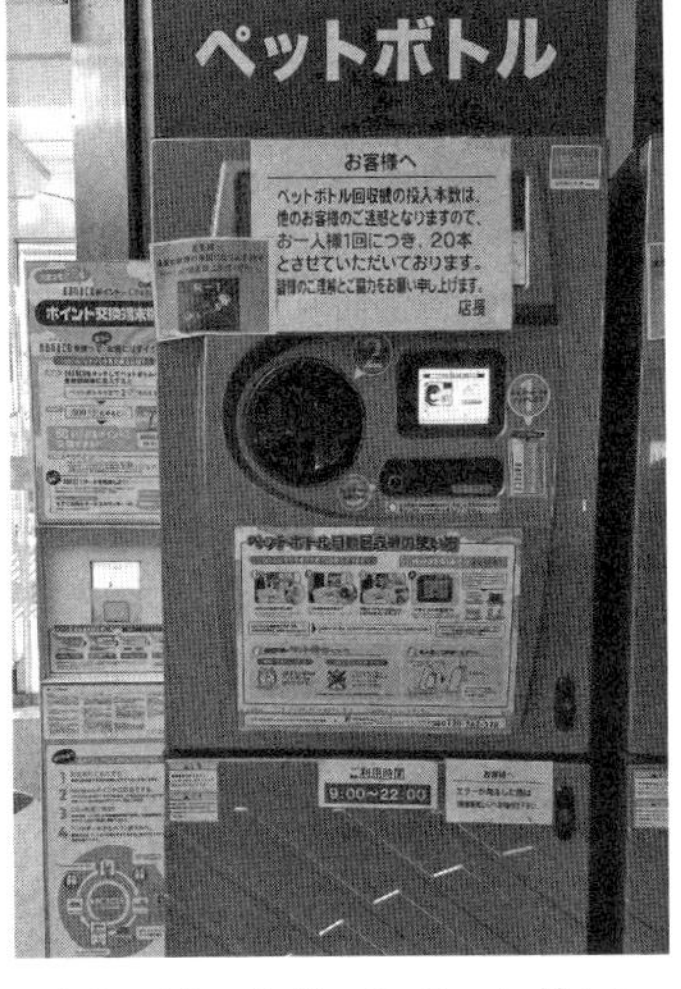

イトーヨーカドーのペットボトル回収機（2019年3月撮影）

　海外企業の取り組みを見てみよう。イケアは二〇二〇年までに同社の家具・インテリア製品に使用するプラスチックを一〇〇%再生可能プラスチックまたはリサイクルプラスチックにすると発表している。それによって、多くのCO_2排出量を削減するだけでなく「長期的に利用可能なプラスチック原料の調達が可能になる」としている。同社は、二〇一八年七月に出した新戦略の中で、「新たなサーキュラー（循環）原則に則って全製品を設計し、二〇二〇年にはあらゆる使い捨てプラスチック製品の扱いをやめる」と打ち出している。

　再生プラスチック素材を用いる企業は、できるだけ品質に悪影響を与えないよう、高品位に再生されたものを求めがちだ。そのなかで、これまでリサイクルされてこなかったプラスチックごみを原料にする取り組みを進めている企業もある。

カーペットタイル大手製造企業のインターフェイス社は、一九九〇年代から環境問題に先進的に取り組んできた。その一環として、カーペットタイルに一〇〇%リサイクル素材を使うことをめざす「ミッション・ゼロ」の取り組みを進め、他団体と「ネットワークス」というパートナーシップを組んで、ナイロン製の漁網をカーペット製造用に再利用する取り組みを広げている。同社は、ナイロンの漁網から新たなカーペットタイルを製造し、同時に海に捨てられた漁網を収集するという仕事をつくり出すことで、フィリピン、カメルーンなどの貧しい地域社会の収入源もつくり出している。環境負荷を下げるとともに、社会価値を創出する素晴らしい取り組みの例である。

d―1 リプレース(代替原料)

使い捨てプラスチックであることには変わりないが、石油系の原料ではなく、植物や動物など生物に由来する有機性資源(バイオマス)などを原材料とする「バイオプラスチック」への注目が集まっている。世界の企業がこぞって研究開発を進めている分野の一つである。

一口に「バイオプラスチック」と言っても、いろいろな種類があり、それぞれ利点と課題がある。少しややこしいが、重要な違いがあるので気をつけてみてほしい。

「バイオプラスチック」には、バイオマス資源を原料とする「バイオマスプラスチック」と、生分解性という性質を持つ「生分解性プラスチック」の両方が含まれる。原料が「バイオマスか、石油か」と、「生分解性か、否か」の二つの分類基準が併存しているので、混乱を呼ぶことも多い。たとえば、「バイオマス資源を原料とし、生分解性である」ものもあるが、「バイオマス資源を原料としているが、生分解性ではない」ものや、「従来の石油などの化石資源を原料としているが、生分解性である」ものもあるのだ。

バイオマスプラスチックの原材料として考えられるバイオマスには、次のような種類がある。

- ●廃棄物‥食品資源（加工残さなど）、紙、林産資源（製材工場残材・建築廃材など）、産業資源（パルプ廃液など）、畜産資源（家畜排せつ物など）、下水汚泥など
- ●未利用資源‥草資源（野草・ススキなど）、林産資源（林地残材）、農産物の残さ（稲わら・麦わら・もみがらなど）など
- ●資源作物‥農産資源（コメ・イモ類・トウモロコシなど）、油脂資源（菜種・大豆・落花生など）、糖質資源（サトウキビ・テンサイ）など

繰り返しになるが、こういったバイオマスプラスチックは「石油を原料としないプラスチック」であって、環境中で分解するかどうかは別である。

一方、生分解性プラスチックは、微生物の働きにより分解し、最終的には水とCO_2になる。すでに土壌中で分解するものが開発され、使用後は土にすき込んで土中で分解する農業用マルチなどが実用化されている。水中で分解する生分解性プラスチックの研究・実用化は始まったばかりだ。

生分解性プラスチックは、バイオマス資源からもつくられるが、ポリエチレンなど通常の石油から製造されるものもある。なお、国際標準化機構（ISO）が海の中で分解するプラスチックの新しい国際規格づくりを進めている。

バイオマスプラスチックと生分解性プラスチックは、化石資源の節約を重視するのか、海洋でも分解するという性質を重視するのか、それぞれの主たる目的も異なる。そして、その両方をあわせて「バイオプラスチック」と呼んでいることに留意してほしい。

さらに、バイオプラスチックにはいくつかの課

題も存在し、国際的にも論点となっている。以下にまとめてみよう。

①バイオマスプラスチック

・廃棄物や残さではなくトウモロコシやサトウキビなどの食料の可食部を原料にする場合は、食料との競合になり、飢餓や貧困を悪化させる恐れがある

・森林資源を原材料にすることで、森林破壊につながる

・ライフサイクルアセスメント(LCA)の観点から見ると、温室効果ガスなどの排出が増える恐れがある

②生分解性プラスチック

・海洋環境中では生分解されるまでに長時間かかり、長期にわたってマイクロプラスチック化してしまう

・分解されやすくリサイクルには不向きなため、回収時に他のプラスチック素材と混在すると、リサイクルの阻害要因となってしまう

・多くの生分解性プラスチックは分解に際して嫌気性の環境を必要とし、分解時に大量の温室効果ガスを排出する可能性がある

・「どうせ分解するから捨ててもいい」というモラルハザードを引き起こし、ポイ捨てを助長する恐れがある

世の中には「バイオプラスチックが普及すれば問題は解決する」と大きな期待を寄せる向きもあるが、このような課題があることを念頭に取り組みを進めないと、別の問題を引き起こしたり悪化させてしまう恐れがある。

日本は、「地球温暖化対策計画」(二〇一六年)および「第四次循環型社会形成推進基本計画」(二〇一八年)で「バイオマスプラスチック類の普及」を挙げており、二〇三〇年度の導入目標を一九七万トンとしている。二〇一三年時点での実績は七万トンなので、激増させる考えだ。

d―2　リプレース（代替素材）

これまでプラスチック製だった使い捨て製品をプラスチック以外の素材で作ろうという動きが世界中で起こっている。米コーヒーチェーン大手のスターバックスが二〇一八年七月に「二〇二〇年までにプラスチック製ストローの使用を世界中の店舗で全廃する」と発表してから、同様の発表をするファストフードチェーンやレストラン、カフェなどが相次ぎ、日本でもすかいらーくホールディングスなどがプラスチック製品の使用をやめると発表した。こうした流れを受けて、世界各国で代替素材のニーズが高まり、現在多くの企業が開発を進めている。

プラスチック製のレジ袋の代わりに紙袋を、ペットボトルの代わりにガラス製・紙製・スチールやアルミ製の飲料容器を、プラスチック製のカトラリー（スプーンやフォークなど）の代わりに他の素材で作ったカトラリーを、という技術開発や導入が急速に進められている。ストローも紙製、木製などの開発と実用化が進んでいる。

企業の取り組みの一例として、H&Mジャパンは二〇一八年一一月一三日、国内の全店舗で同年一二月五日から現行のプラスチック製のショッピングバッグを紙製に変更すると発表した。新たな紙製バッグは一枚あたり二〇円と有料化し、その売り上げはコストを除いたすべてを海洋ごみの問題などに取り組む団体に寄付するとしている。

代替素材の開発はさまざまな国や企業で進められており、今後、次々と市場にも出てくると考えられる。いくつか興味深い開発事例を紹介しよう。

一つはインドの研究者が開発した雑穀、コメ、小麦粉をお湯で練って、高熱で焼いて作られたカトラリーだ。防腐剤も化学薬品も、添加物も着色料も、脂肪も牛乳なども入っておらず、「一〇〇%自然素材で作られ、使用後は食べられる」のがセールスポイントだ。肉や魚、乳製品などを食べない絶対菜食主義者（ビーガン）も食べることができ、食べずに捨てても一〇〇%分解する。プレーンと塩・胡椒味、ハーブ味など味のバリエーションも楽しめるという。

米国のロリウェア社は、海藻の成分を使用した「食べられるストロー」を開発・販売している。チェリータルト、ゆずシトラス、抹茶、バニラの四種類の味があるそうだ。

ポーランドのバイオトレム社は、小麦ふすまを原料とした食器やカトラリーを生産し、欧米やアジア市場向けに販売している。プラスチック製の使い捨ての皿やボウル、カトラリーの代わりに使うことができる。一トンの小麦ふすまから一万個の皿やボウルを作ることができるという。使用後は三〇日間で堆肥化される。

また、牛乳に含まれるたんぱく質であるカゼインなどから食品用のラップを作る研究開発が米国農務省の研究者らによって進められている。数年後には実用化が見込まれているという。

プラスチック製の容器包装材が好まれてきたのは、食品中の水分を保ったり、酸化しないよう空気を遮断したり、においが漏れないようにするなどの優れた特性があるためでもある。プラスチック以外の素材にこうした特性を持たせ、容器包装材にしていこうという開発も進められている。

製紙メーカー大手の日本製紙が開発した新素材「シールドプラス」がその一つだ。これは、木質素材一〇〇%からなる基材に製紙用水系塗工技術を活用したバリア塗工層を付与することで誕生した、「紙なのに酸素・香りを通さない」紙製バリア素材だ。従来の紙製品のようにリサイクルもできる。すでにシリアル食品の容器として実用化されており、将来的にはお茶やコーヒー、オーガニック食品、スナック菓子などのパッケージや、コンビニなどで使われるサラダなどの生鮮食品のトレーやフタ材としての利用も見込まれている。

d―3　リプレース（使い捨てでない代替物）

現在の大量生産・大量消費のライフスタイルがプラスチック問題のみならず、気候変動などさまざまな環境問題を引き起こしているという認識が広がっている。それとともに、使い捨てでないものを使おうという動きが広がってきた。マイ箸、マイバッグ、マイボトル、マイカップなどである。

プラスチック製ストローの代わりに「紙製や木製のストローを使い捨てよう」ではなく、「そもそも使い捨てではないストローを持ち歩きたい」というニーズに応えるべく、ステンレスやチタン、シリコン製の「マイストロー」が開発・販売されている。

e　リフューズ（そのニーズを満たすことをやめる）

使い捨てプラスチック製品が満たしているニーズを満たすことをやめるという考え方がリフューズ（拒む）だ。たとえば、レジ袋は「買ったものを何かに入れて持って帰りたい」というニーズを満たすものだが、そのニーズそのものを拒むとしたら、「手で持って帰る」「鞄に入れて帰る」などのやり方があるだろう。「容器に口をつけずに飲み物を飲みたい」というニーズに「ノー」と言って、（かつて普通にそうだったように）「容器に口をつけて飲み物を飲む」こともできる。こういった取り組みは、情報提供や呼びかけなどの意識啓発によって、進めることができる。

このリフューズのアプローチで、飲み水用ペットボトルを減らそうという動きが欧州などで広がっている。「移動中や出先で水を飲みたい」というニーズを、「水を持ち運ぶことで満たす」のではなく、「出先で給水器から水を飲む」ことが容易になればなるほど、ペットボトルを買って持ち歩く必要が減るだろう。

『グローバルネット』二〇一八年五月号に掲載された「水Do!（スイドゥ）ネットワーク」事務局長・瀬口亮子のレポートによると、英国ブリストル市の市民団体「シティー・ツー・シー」（City to Sea）は、二〇一五年に同市が「欧州グリーン首都」を受賞した際、その活動の一環として「リフィル・キャンペーン」を始めた。これは水飲み場を増やすだけではなく、市内の飲食店やカフェなどで、誰でも無料で給水してもらえる給水スポットを増やそうという活動だ。取材当時、市内約三〇〇店舗が参加し、飲食や買い物をしなくても無料で給水できるようになっていた。水飲み場や給水スポットはスマホのアプリで探すことができ、実際に給水するとポイントが付与され、SNSと連動して他の人とのコミュニケーションもできる。この活動はメディアでも紹介され、英国国内の他の都市にも広がっているとのことだ。

このレポートでは、パリ水道局の取り組みも紹介されている。二〇〇五年から飲食店にオリジナルの水差しを配布し、水道水の提供を推奨し、定着させてきたのだ。水飲み場の設置も積極的に進めていて、市内にはすでに一二〇〇カ所を超える水飲み場が設置されているという。市民の要望も聞きながら設置し、生活困窮者への水の提供も目的の一つとのことである。給水器の設置場所はウェブサイトにある地図で知ることができる。ちなみに、パリには炭酸水の出る給水器もあるそうだ。

ロンドンでは、ロンドン動物園を運営するロンドン動物学協会が他の団体とともに二〇一六年に開始した「#OneLess」というキャンペーンが広がっている。これは「ロンドンを、みんなが当然のように再補給できる飲料水用ボトルを使っている都市」にすることで、ロンドンから海に流出する使い捨てペットボトルを減らそうという運動だ。

このキャンペーンによると、英国人の六五%は「水道水が無料で飲めるなら、ボトル入りの水は買わない」と答えているという。このようなデータをもとに、広く市民や団体に呼びかけて意識啓発をし、スポーツイベントなどで使い捨てペットボトルを使用しないように働きかけ、ロンドン市内の噴水式水飲み器を増やす運動を進めている。

4―3　マイクロプラスチックへの取り組み

先に述べたように、マイクロプラスチックには、最初から微細なプラスチックである一次マイクロプラスチックと、もとは大きめのプラスチックだったのが海洋を含む環境中で破砕され、微細化した二次マイクロプラスチックがある。いずれも、環境に出た後に回収することはかなり難しい。とくに、二次マイクロプラスチック対策とは、そもそもプラスチックごみを海洋に出さないことだ。そもそも一次マイクロプラスチックに対しては、「生み出さない」、「発生したところで回収する」取り組みが重要である。

まずは「マイクロプラスチックを生み出さない」取り組みを見てみよう。

マイクロプラスチックを代替素材や代替物に切り替えることで、「生み出さない」ようにできる。その動きが広がっているのが化粧品やパーソナルケア製品用のマイクロプラスチック（マイクロビーズ）だ。マイクロビーズを含むパーソナルケア製品の製造や販売の規制に踏み切る国が増えている。

- 米国：マイクロビーズを含むリンスオフ化粧品を規制。二〇一七年七月に製造禁止となり、一八年七月に流通規制（州際商業への投入禁止）
- 韓国：マイクロビーズを含む化粧品を規制。二〇一七年七月に製造禁止および流通規制（輸入禁止）、一八年七月に販売禁止
- フランス：マイクロビーズを含むリンスオフ化粧品を規制。二〇一八年一月に製造禁止および流通規制（市場への投入禁止）
- 英国：マイクロビーズを含む化粧品、衛生用品を規制。二〇一八年一月に製造禁止、同年七月に販売禁止
- 台湾：マイクロビーズを含む化粧品、洗浄剤を規制。二〇一八年一月に製造禁止および流通規制（輸入禁止）、二〇年一月からの販売禁止も決定
- ニュージーランド：マイクロビーズを含むリンスオフ化粧品およびマイクロビーズを含む車や部屋等の洗浄剤を規制。二〇一八年一月に製造および販売禁止
- カナダ：マイクロビーズを含む歯磨き粉、洗面剤等を規制。二〇一八年一月に製造禁止お

よび流通規制（輸入禁止）、販売禁止。マイクロビーズを含む自然健康製品についても、一八年七月に製造および流通禁止、一九年七月から販売禁止

日本には今のところ、マイクロビーズを含む製品の製造や流通・販売を禁止する規制はない。しかし、業界団体や企業が自主的に規制する動きは広がっている。化粧品関連メーカーで構成する日本化粧品工業連合会は二〇一六年三月、会員企業一一〇〇社に自主規制を呼びかけ、主な大手メーカーは製品化を取りやめている。花王は洗い流しの製品に配合していたマイクロビーズを二〇一六年末までにすべて代替素材に切り替えた。マンダムも洗い流しの製品へのマイクロビーズの使用をやめ、二〇一七年末には洗顔剤に配合していたマイクロビーズを他の素材に代替している。

環境省によると、二〇一七年に洗顔料七五種とボディソープ七五種の計一五〇種のパーソナルケア製品についてマイクロビーズの含有を分析した研究では、平均粒径が数ミクロンのポリエチレンを一gあたり八〇〇〇個〜一万四〇〇〇個含む洗顔料は二種のみであったことが確認されている。前年の類似研究では一五種類の商品から検出されていたことから、自主規制がある程度有効に機能していると考えられる。

パーソナルケア製品のさまざまな代替原料の開発や使用が進められている。細かく砕いたアーモンド、塩や砂糖、海藻などの自然由来の原料を使っているところが多いようだ。セルロースやコーンスターチを使用した天然成分の材料、雲母などの鉱物を使っている企業もある。

次に、衣類の合成繊維、自動車のタイヤなどの「剥がれ落ちて発生するマイクロプラスチック」への取り組みを見てみよう。

もともとウールメーカーで、その起毛技術を用いてヨーロッパで初めてフリースを開発したことでも知られるイタリアのポンテトルト社は、二〇

一七年、フリース部分の素材をポリエステルから天然由来のリヨセルに替え、マイクロプラスチックが出ないフリース「ビオパイル(Biopile)」を開発した。今後、繊維業界や衣料メーカー、ブランドなどの類似の取り組みが活発化すると思われる。

また、アウトドア衣料品メーカーのパタゴニアは、「化繊の衣類からマイクロファイバーが抜け落ちている問題に対応することは、最優先項目のひとつ」として、大学の研究者に研究プロジェクトを委託するとともに、化繊の衣類からのマイクロプラスチックファイバーの流出を大幅に減らせるフィルターバッグを販売している。この「グッピーフレンド・ウォッシング・バッグ」は、ドイツのパタゴニアのパートナーであるＮＰＯ「STOP! MICRO WASTE」が製造するもので、化繊衣類を保護すると同時に、洗濯によって抜け落ち川や海へ流れ出るマイクロファイバーの量を削減し、洗濯後にバッグ内に残ったマイクロファイバーを取り除き、適切に処分できるとしている。洗濯機用のマイクロファイバー除去フィルターや、下水へ流出するマイクロプラスチックを抑える洗濯機などの開発も進んでいると考えられる。

このように、化繊製品からのマイクロプラスチック流出を抑える取り組みは進行中だが、他方、発生源が特定しにくいものは難易度が高いこと、流出や汚染の責任者がわかりにくいことなどから、取り組みはあまり進んでいない。

たとえば、自動車のタイヤは、交換する時点では、新品に対して重量が一割以上減っていることが把握されている。日本国内でのタイヤの年間販売量は約一〇〇万トン、廃棄の際は約九〇万トンとの推定により、減量分は年間約一〇万トンになる。マイクロプラスチック化したタイヤの摩耗片はかなりの量に上ると考えられる。他方、環境省の資料には「タイヤの粉化に係る環境課題を認識して取り組んでいるが、具体的な対策は難しい」との日本自動車タイヤ協会へのヒヤリング結果が掲載されている。

第5章　日本の課題

5―1　中国の廃プラスチック輸入禁止の衝撃

二〇一七年末、中国政府が「環境への危害が大きい固体廃棄物の輸入を禁止する」として、廃プラスチックの輸入を禁止し、日本に衝撃が走った。日本はそれまで年に一五〇万トンを海外に輸出し、そのうち約半分を中国が受け入れていたためだ。

中国政府はすでに同年七月、「一部の地域で環境保護を軽視し、人の身体健康と生活環境に対して重大な危害をもたらしている実態を踏まえ、固体廃棄物の輸入管理制度を十全なものとすること、固体廃棄物の回収、利用、管理を強めることなどを基本的な思想とする」として、「固体廃棄物輸入管理制度改革実施案」を公表していた。一八年一二月末には工業由来の廃プラスチック、廃電子機器、廃電線・ケーブル等の輸入も停止している。

「中国に受け入れてもらえない！」と他のアジア諸国への廃プラスチックの輸出が急増する中、二〇一八年六月にはタイ政府が電子廃棄物や廃プラスチックの輸入制限を強化し、廃プラスチックについては輸入の一律禁止を検討する方針を出した。マレーシア政府も同年九月、廃プラスチック一トンにつき一五リンギット（約四〇〇円）を課税すると発表した。

こうして、これまで日本から中国をはじめとするアジア諸国に出ていた廃プラスチックが行き場を失う一方、使い捨てプラスチック製品の使用を強力に削減する動きのない中、国内に廃プラスチックがたまりつつある。環境省が二〇一八年一〇月に公表した「中国が廃プラスチックの輸入を禁止したことに伴う影響」についてのアンケート結果によると、二五%近くの自治体が「保管量が増加した」としている。五自治体ではすでに保管量の上限を超えるなど、状況が逼迫しつつある。

蛇口をしぼらないまま排水量が減ったら、水位が上がっていくのは当然である。

5―2　政府は何に取り組むべきか

そのような国内状況の逼迫や、二〇一八年六月のG7シャルルボワ・サミットで「G7海洋プラスチック憲章」に署名しなかったことへの内外からの批判もあり、二〇一九年六月末の大阪でのG20首脳会議の議長国を務める日本として、海洋プラスチック汚染に対するしっかりした考え方を出すことが喫緊の課題となった。

二〇一八年八月、環境省の中央環境審議会循環型社会部会の下に「プラスチック資源循環戦略小委員会」が設けられ、議論が始まった。私も委員の一人に選出され、意見を述べる機会を得ている。

小委員会は、同年一一月に「プラスチック資源循環戦略案」を出した。海洋プラスチック憲章を意識した内容となっているため、具体的な数値目標をそれとの対比で見てみよう(次ページ表)。

全体として海洋プラスチック憲章を超える目標を提示していることがわかる。また目標達成のための手段の一つとして「レジ袋の有料化義務化」が打ち出され、メディアや一般の注目を集めた。

政府に対しては、野心的な目標を打ち出したことを評価しつつ、プラスチックごみへの対処にとどまらず、より包括的な枠組みで取り組むことを求めたい。日本では、プラスチック問題は「ごみ問題」なので「環境問題」である、という認識がいまだ主流である。一方、欧州では「産業政策」の一環として位置づけられていると考える。そして、その土台となっているのが「拡大生産者責任」と「サーキュラー・エコノミー」だ。

先述したように、拡大生産者責任とは、生産者の責任が製品の生産・使用段階だけでなく、廃棄・リサイクル段階まで及ぶという考え方だ。し

プラスチック資源循環戦略案

- 2030年までに，ワンウェイのプラスチック(容器包装等)を累積で25%排出抑制(日本独自)
- 2025年までに，プラスチック容器包装・製品のデザインを，容器包装・製品の機能を確保することとの両立を図りつつ，技術的に分別容易かつリユース可能またはリサイクル可能なものとする(それが難しい場合にも，熱回収可能性を確実に担保する)(海洋プラスチック憲章では2030年)
- 2030年までにプラスチック容器包装の6割をリサイクルまたはリユースし，かつ，2035年までにすべての使用済みプラスチックを熱回収も含め100%有効利用(海洋プラスチック憲章では2030年に55%，100%は2040年)
- 2030年までに，プラスチックの再生利用を倍増(海洋プラスチック憲章では50%増)
- 2030年までに，バイオマスプラスチックを最大限(約200万トン)導入(日本独自)

たがって、使用済み製品を回収、リサイクルまたは廃棄するのは生産者の責任であり、生産者がその費用も負担することになる。

拡大生産者責任という考え方は、OECDが二〇〇一年に「拡大生産者責任ガイダンス・マニュアル」で提唱したものだが、二〇一六年、各国の経験をもとに一五年ぶりにアップデートされ、「効率的な廃棄物管理のための改訂ガイダンス」が出された。改訂ガイダンスでは、事業者登録や適切な制裁などによって義務履行を確保し、ただ乗り対策を講じるなどによって、使用済み製品の回収、リサイクル、廃棄にかかわる生産者の責任をきちんと履行することをめざしている。それとともに、環境配慮設計(DfE)のためインセンティブを設け、生産者が製品の設計において環境に対する配慮を組み込むことを促進する。つまり、「出てしまったごみをどうするか」という出口対策だけでなく、「そもそもごみが出ないようにどう設計・製造するか」をも重視しているのだ。

サーキュラー・エコノミーとは「循環型経済」のことだが、ここ数年、欧米を中心に大きな動きとなってきている。「日本は昔からリサイクルに取り組み、循環型社会を提唱してきた」という声もあるが、欧米で進んでいるサーキュラー・エコノミーは、産業政策である。

●サーキュラー・エコノミー――産業政策の推進

　企業が製品を製造しサービスを提供するためには、何らかの資源が必要である。これは原材料費というコストとして、企業の収益を左右する一つの要因となる。資源の枯渇や地球環境問題の悪化に伴い、このコストが上昇してきており、今後も基本的には上昇し続けるであろう、という認識と見通しが、サーキュラー・エコノミーへの動きの大きな背景にある。

　地球の「供給源」「吸収源」としての役割で説明したように、原材料は、木材のように再生可能なものもあれば、鉄鋼や原油由来のプラスチック樹脂といった再生不可能なものもある。再生可能な資源はその使うペースに気をつけている限り、持続可能に使えるが、再生不可能な資源は使っただけ枯渇していく。そして、資源の残存量が減っていくにつれ、価格は上昇していく。

　二〇〇〇年以降、これがまさに現実になってきた。アクセンチュアの分析によると、二〇〇〇年以降、資源の価格上昇が顕著になっている。一九八四～二〇〇〇年の資源価格の変動率が年率一・七％であったのに対し、二〇〇〇～二〇一四年は年率四・八％となっているのだ。

　これは企業にとってはコストアップにつながり、採算性を悪化させる要因となる。とくに、資源が再生不可能なものであれば、価格上昇の傾向が続く、または加速することは想像に難くない。そのとき企業は、原材料を変更して同じ商売を続けるか、資源の使用を減らせるよう同じ製品から新たな付加価値を得るようなビジネスモデルに変えていくかなど、何らかの手を打っていく必要がある。

　最近広がってきた「シェアリング」（モノやサービス、場所などを共有して利用するしくみ）や「サブスクリプション」（顧客はモノを購入するのではなく、使いたいとき・使いたい期間だけ料金を払って利用するしくみ）モデルもその一例だ。これが、欧米でのサーキュラー・エコノミーへの動きの原動力になっていると考えている。そして、欧州では各企業だけでなく、ＥＵや国のレベルで以上のような認識を共有し、サーキュラー・エコノミーへの移行を推進しつつあるのだ。

欧州議会は二〇一五年に「ＥＵサーキュラー・エコノミー・パッケージ」を出し、包括的にサーキュラー・エコノミーを推進する枠組みを整えた。目的は「製品と資源の価値を可能な限り長く保全・維持し、廃棄物の発生を最小限化することで、持続可能で低炭素かつ資源効率的で競争力のある経済への転換をはかる」ことだ。環境政策の側面もあるが、中核は経済・産業政策としての位置づけであることがわかる。

このパッケージでは、主要アクションプランとして、拡大生産者責任を衣類や家具にも適用することを検討するほか、リサイクルよりも修理・アップグレード・再製造しやすい設計（エコデザイン）や、再生原料の利用を促進することなどが挙げられている。同時に、「プラスチックリサイクルの促進」が大きな柱となっており、自治体が収集する廃棄物や容器包装系の廃棄物に対する「非常に意欲的な」目標値を設定するとしている。

そして、廃棄物法令を改正し、家庭ごみなど（商店等の事業者が排出・回収するごみなどを含む）一般的には自治体が収集する廃棄物については「二〇三〇年までに六五％をリサイクルする」、容器包装廃棄物については「二〇三〇年までに七五％をリサイクルする」とした。

ＥＵでは、サーキュラー・エコノミーによって、二〇三〇年までに約一兆ユーロの付加価値が生み出され、ＧＤＰ七％の経済成長につながると考えている。六〇〇〇億ユーロのコスト削減と、廃棄物管理分野で二〇三五年までに一七万人の雇用創出もできるとしている。その大きなねらいは「競争力の強化と供給の安定確保」であり、それによって「経済や環境のレジリエンス（強靱性）」を高め、「イノベーションを誘発する」ことである。

サーキュラー・エコノミーでは「廃棄という考え方そのものを捨てる」ことで、従来の延長線上にはないイノベーションが育まれることになる。

オランダ、フィンランド、デンマーク、スコットランドなどは、サーキュラー・エコノミーに関する国家ビジョンやロードマップを策定し、国を挙げての取り組みを進めている。アジアで先進的に取り組んでいるのは、残念ながら日本ではなく、中国だ。中国では、サーキュラー・エコノミーをめざす国家アクションプランを策定し、「サーキュラー・エコノミー推進法」を制定している。中国の政策アプローチは、環境管理とリサイクルだけにとどまらず、資源の採掘および製造から小売、使用に至るまで、バリューチェーン全体にわたる、資源フローの循環ループを閉じるための新たな開発モデルを構築しようとしているという。

アクセンチュアは、使用済み製品から回収・再利用されない部品、原材料、エネルギーが廃棄されることで、世界中で一兆ドルもの材料価値が失われている可能性があると試算している。そうした廃棄物を潜在的資源として提供できるよう製品や製造プロセスの設計を見直すことによって、有効活用がはかられる。そのほかにも新たな付加価値を計算すると、サーキュラー・エコノミーによる二〇三〇年までの世界全体の経済効果は四・五兆ドルと見込まれている。

日本でも、出口対策・環境対策として環境省に任せるだけではなく、産業政策として位置づけ、経済全体を再構成していくつもりで取り組む必要がある。経産省の果たすべき役割も大きい。

●容リ法の問題点

日本のこれまでのプラスチックごみ対策は、「容器包装リサイクル法」（容リ法）が主に担ってきた。容リ法は、廃棄物の排出量の増大と最終処分場の逼迫という事態を受け、一九九五年に制定された。二〇〇〇年に完全施行となり、約一〇年経過後の二〇〇六年に改正され、二〇〇七年からは改正容器包装リサイクル法として施行されている。

経産省のウェブサイトに、「容器包装リサイクル法は、家庭から出るごみの六割（容積比）を占める容器包装廃棄物を資源として有効利用すること により、ごみの減量化を図るための法律です」と書かれているように、ごみを減らすことが目的である。環境省も容リ法の成果として、「一般廃棄物の最終処分量の減少と最終処分場の残余年数の改善」を挙げており、資源政策・産業政策としての位置づけではないことがわかる。

容リ法の対象となる容器包装廃棄物は、①ガラスびん、②ペットボトル、③紙製容器包装、④プラスチック製の容器包装、⑤アルミ缶、⑥スチール缶、⑦紙パック、⑧段ボールだが、⑤〜⑧は容リ法ができる以前から市町村が収集した段階で有価で販売されリサイクルされているため、企業にリサイクルする義務はない。

政府は「すべての人々がそれぞれの立場でリサイクルの役割を担うことが法律の基本理念であり、消費者は分別排出、市町村は分別収集、事業者は再商品化を行うことが役割となっています」と説明しており、拡大生産者責任やサーキュラー・エコノミーの観点は薄いと言わざるを得ない。再生プラスチックの市場をつくらなくてはリサイクルは回らない。ドイツなどのように、エコラベルや調達基準に「筐体プラスチック重量に対する回収材比率」を組み入れるといった政策が必要だ。

ただし、この法律が対象としているのは「家庭から一般廃棄物として排出される容器包装廃棄物」だけであることに留意したい。プラスチック工場から出るプラスチックくずや、流通事業者が使い終わった発泡スチロール箱、オフィスから出る使用済みペットボトルやビニール袋などは事業系のプラごみ、すなわち産業廃棄物として扱われる。このように、同じプラごみでも、家庭からの廃棄物と産業からの廃棄物は別々に扱われている。

また、前述したように、容リ法の対象はあくまでも「プラスチック製の容器包装」だけだ。穴の開いたプラスチックバケツやビニール傘、いらなくなったＣＤ-ＲＯＭなどは対象とならない。おもちゃ、文具、生活雑貨などのいわゆる「製品プラスチック」は、容リ法の対象外であるため、多くの自治体で分別収集・リサイクルが行われずに、焼却・埋め立てによる処理が行われている。資源として生かされていないのだ。

世界中で対策が求められるようになったマイクロプラスチックについても、正面からきちんと位置づけるべきだ。日本では二〇一八年にこの問題に言及する初めての法律が成立したものの、「海岸漂着物処理推進法」の改正という形での対応である。正式名称は「美しく豊かな自然を保護するための海岸における良好な景観及び環境並びに海洋環境の保全に係る海岸漂着物等の処理等の推進に関する法律」だが、海洋環境保全の観点などを追加し、漂流ごみなどの円滑な処理が推進できるようにしたものだ。マイクロプラスチックについては、「事業者は使用抑制・排出抑制に努める義務がある」としているが、罰金などの制裁のない努力義務であるため、実効性が問われる。

容器包装に限らず、私たちの日常生活や産業活動の隅々にまで行きわたっているプラスチックそのものを経済や社会の中でどう位置づけるか、という本質的な考えや枠組みづくりが求められる。そのうえで、資源政策・産業政策としてしっかりと位置づけること、これまで最終処分場の逼迫といったそのときの状況への個別の対応としてつぎはぎでつくられてきた法律や対策を整理して、家庭の製品プラスチックも含め、包括的な枠組みをつくる必要がある。その土台は、拡大生産者責任とサーキュラー・エコノミーであるべきだろう。

●政府と自治体の取り組むべきこと

政府は、日本がプラスチック問題にどのように向き合うべきだと考えているのだろうか。現時点での全体像は、二〇一八年六月の「第四次循環型社会形成推進基本計画」に見ることができる。「プラスチック資源循環戦略」の土台でもあり、今後の方向性としても重要なので、同計画からプラスチックについての「めざすべき姿」と、そのための「国の取り組み」を紹介しよう（次ページ

第 4 次循環型社会形成推進基本計画

〈我が国がめざすべき将来像〉

プラスチックについては，マイバッグの徹底やワンウェイの容器包装の削減等により排出抑制が最大限図られるとともに，リユースカップ等のリユースも推進されている．使用済みのものについてはポイ捨て・不法投棄により美観を損ねたり，海洋等に流出してマイクロプラスチック化したりするなど環境に悪影響を与えることなく適正に排出され，質の高い再生利用が行われるとともに，再生材は市場での需要が多く高く売却され，繰り返し循環利用がされている．

また，焼却せざるを得ないプラスチックをはじめとして，バイオマス由来のプラスチックの使用が進み，焼却される場合も確実に熱回収されている．さらに，農業用シート，食品廃棄物の収集袋など，分解が望ましい用途については，生分解性のプラスチックが使用されている．

こうした取り組みを通じて，プラスチックの 3R とともに温室効果ガスの排出削減，化石資源への依存度低減，海洋環境等への影響低減などが図られるとともに，資源循環産業等が活性化されている．

〈国の取り組み〉

プラスチック

○ 資源・廃棄物制約，海洋ごみ対策，地球温暖化対策などの幅広い課題に対応しながら，中国などによる廃棄物の禁輸措置に対応した国内資源循環体制を構築しつつ，持続可能な社会を実現し，次世代に豊かな環境を引き継いでいくため，再生不可能な資源への依存度を減らし，再生可能資源に置き換えるとともに，経済性および技術的可能性を考慮しつつ，使用された資源を徹底的に回収し，何度も循環利用することを旨として，プラスチックの資源循環を総合的に推進するための戦略(「プラスチック資源循環戦略」)を策定し，これに基づく施策を進めていく．

○ 具体的には，①使い捨て容器包装等のリデュース等，環境負荷の低減に資するプラスチック使用の削減，②未利用プラスチックをはじめとする使用済みプラスチック資源の徹底的かつ効果的・効率的な回収・再生利用，③バイオプラスチックの実用性向上と化石燃料由来プラスチックとの代替促進などを総合的に推進する．

表）。産業への意識を裏打ちする政策が待たれる。
なお、自治体にとってもプラスチック問題はよそごとではない。ＳＤＧｓの取り組みの一環として位置づけ、具体的に対応する必要がある。

①自分たちがプラスチック問題にどのように関与しているのか、どのように取り組むかを宣言やビジョンなどの形で明示する
②自分たちの使っている使い捨てプラスチック製品を減らす方策を考え、実行する
③調達基準にプラスチックに関する項目を設け、民間事業者のプラスチックからの切り替えや再生材利用を後押しする

また、地元の資源を使ってプラスチックの代替物が生産できるようになれば、自分たちの脱プラスチック化に資するだけでなく、地域の新たな収入や雇用につながる。そういった事業者の研究開発・実用化・生産をサポートすることもできよう。

日本では二〇一八年一二月に、京都府亀岡市と市議会が、「二〇三〇年までに使い捨てプラスチックごみゼロのまちをめざす」とする「かめおかプラスチックごみゼロ宣言」を行い、プラスチック製レジ袋を禁止する条例の制定をめざしている。

5―3　企業・産業界はどう取り組むべきか

●個々の企業の取り組み方

どんな企業でも何らかプラスチックのお世話になっているだろう。つまり、すべての企業が取り組みを行う必要がある。ＳＤＧｓやＥＳＧ投資（環境、社会、ガバナンスに配慮している企業を重視・選別して行う投資）の後押しもあって、日本企業にもプラスチックごみへの取り組みを始めるところが増えてきた。私が主宰する「未来共創フォーラム異業種勉強会」のメンバー企業にヒヤリング調査をしたところ、さまざまな取り組みが展開されていることがわかった。これからの企業の取り組みのヒントになる事例などをまとめてみよう。

①直接プラスチックを扱っていない企業：社内で使われる使い捨てプラスチック製品を減らしたり、社員への意識啓発を行う

②事業でプラスチックを使っている企業：使用量を減らしたりリサイクルする取り組みとともに、再生材を原材料として用いる

・ガス導管の埋設工事で発生する使用済みポリエチレン管やその切れ端をマテリアルリサイクルし、一部をガスメーターの取扱い説明札等として利用（東京ガス）

・鉄道玩具「プラレール」において、二〇一二年から一部商品に再生材を使用。その他の商品でも、軽量化や包装材の見直し等でプラスチック削減の取り組み（タカラトミー）

・使用済みＩＣＴ製品の回収・リサイクルと、ＩＣＴ製品への再生プラの利用（富士通）

③現在プラスチック容器を生産している企業：軽量化や、再生材や代替素材などを利用した製品の開発・販売

・軽量化ペットボトルの製造・販売、使用済みペットボトルから再生された樹脂を使用したペットボトルの製造・販売、軽量化および植物由来樹脂を使用したペットボトル用キャップの製造・販売、ペットボトル用のストラップバンドキャップの製造・販売（ストラップでキャップをボトルに固定でき、飲用時にキャップを落として散乱させる心配がない）（東洋製罐）

④容器包装材としてプラスチックを使っている企業や、原材料としてマイクロビーズを使っている企業：減量化やリサイクル、代替素材や植物由来のプラスチックへの切り替え

・ペットボトルを軽量化、キャップに植物由来原料も使用、商品ラベルを薄肉化、ボトル・ツー・ボトルのメカニカルリサイクルシステムを構築（サントリー）

・調味料の総重量をほぼ変えずに三袋から二袋にすることにより包材プラスチック使用量

を削減、スティックコーヒーのスティックの長さの短縮・薄肉化、冷凍食品の外袋や袋の中のトレイの厚みの薄肉化やサイズ縮小によりプラスチック使用量を削減（味の素）

・詰め替え用を使うことでプラスチック量を九一％削減、内容物の濃縮化によりプラスチック量を三九％削減、容器に再生プラスチックを約一〇％（重量比）使用（ライオン）

・通常、使用後は一般ごみとして焼却等されている歯ブラシを回収し、リサイクル事業者と協働してプラスチックペレットとして再生（ライオン）

・いくつかの地域で、洗剤やシャンプーなどの使用済みの詰め替えパウチを回収し、パートナー企業と協働して再生樹脂に加工し、さまざまなモノ・価値をつくる「リサイクリエーション®」の実証実験中（花王）

具体的な取り組みと並行して、プラスチック問題に対する姿勢やビジョンを対外的に打ち出すことも重要だ。海外では、英国で九〇〇店舗以上を展開する食品小売りのアイスランドが「二〇二三年までに容器包装のプラスチックをゼロにする」という目標を設定するなどの例がある。

国内では、ヒヤリングに回答を寄せた企業の中で、富士通が二〇一八年七月に「海洋プラスチックごみ問題に対する富士通グループのアプローチ」を発表し、同年一〇月に花王が「私たちのプラスチック包装容器宣言」を出した。一一月には味の素グループが「二〇三〇年までに、プラスチック廃棄ゼロをめざす」目標を明らかにしている。

●業界を超えた連携による取り組み

欧米の企業の取り組みを見ていて、日本企業にも今後もっと力を入れてほしいのが「他社や異業種・他セクターとの連携」のアプローチだ。真剣に取り組むと決めた企業であれば、個社の取り組みは海外企業に比べても遜色ないものが多く、日本企業には優れた技術を開発する力もある。しかし、経済全体をサーキュラー・エコノミーに変えていこうという流れの中では、いかに従来の枠組みや分野を超えて連携し、大きな全体像を共に描き、実現に向けて協働していくかが不可欠である。

米国シアトルに、プラスチックごみを原材料に製品を生産するという企業の挑戦を後押ししているNGO「ロンリー・ウェール」(孤独なクジラという意味)がある。二〇一六年、コンピュータ・メーカーのデルはこのNGOとの協働を開始し、海洋に流出するであろう河川のプラスチックごみからつくった包装材を使うようになった。

そして、カーペットタイルメーカーのインターフェイス社、GMなどの企業に呼びかけ、「ネクストウェーブ」という取り組みを進めている。めざしているのは、「海洋プラスチックごみを汎用的な原材料にしていき、そのサプライチェーンを構築することで、プラスチックを水辺に流出させることなく、経済活動の中で循環するようにする」ことだ。企業のほかにも政府や科学者、NGOなどとの連携を進め、海洋プラスチックごみを再生した材料の開発と、需要創出を進めている。

具体的には、「ナイロン6」を原材料として大量に使用している企業と組んで、海洋に捨てられている漁網を原材料にナイロン6を生産する取り組みが進んでいる。保管場所を設けて使用済みの漁網を集め、漁網からナイロン6のペレットを作り出そうとしているのだ。

ネクストウェーブの参画企業には、異業種・他セクターとのコラボレーションを通して、多層薄膜フィルムの包装のリサイクル手段を研究しているところもある。チリ、インドネシア、フィリピン、カメルーン、インドなど世界各地からプラスチックを調達しており、「鍵はサプライヤーのネットワークを構築することで、サプライチェーンが安定して継続できるようにすること」だという。

ファンドを通じて資金やノウハウを提供し、サーキュラー・エコノミーの構築をめざす動きもある。プラスチックに限定しない取り組みだが、二〇一四年、ウォルマート社、ジョンソン・エンド・ジョンソン社、プロクター・アンド・ギャンブル社、ユニリーバ社などが一億ドルを投じて、「クローズド・ループ・ファンド」を発足させた。発案者はウォルマート社で、使用済みの製品や副産物を有効活用することで、企業が低価格で高品質なリサイクル材を確保できるようにし、米国内のリサイクル率を向上させることをめざしている。

このファンドによると、米国内では回収チェーンのインフラ整備が遅れているため、毎年一一〇〇億ドル相当の包装材が埋め立て処分されているという。そこで、自治体と協力し、リサイクルおよび回収チェーンのインフラ整備にかかる資金を提供するとともに、回収やリサイクル・再製造などに関わる企業を支援している。

二〇一七年の報告書によると、これまでに七一〇〇万ドルを集め、数十のプロジェクトに対して合計四一〇〇万ドルを投下している。そして、その成果を「一ドル投資するごとに、三ドルの公的・民間投資を呼び込み、地域社会に二・四ドルの便益をもたらし、約一〇〇kgの再生利用可能なごみを回収またはサプライチェーンに戻し、約三〇〇kgのCO_2排出を回避している」としている。「強固な回収チェーンを築くことができれば、バージン材を調達するよりも安価に資源回収や再加工ができるようになるため、リサイクル材の活用が進み、全体的なコスト削減が実現する」とこの報告書は述べている。

英国でも二〇一八年、プラスチックのサーキュラー・エコノミーをつくり出すための「英国プラスチック協定」という取り組みがスタートした。プラスチックのバリューチェーンのあらゆる部分に関わる企業や政府、NGOが連合を組み、共有ビジョンと「あらゆるプラスチック容器包装を、二〇二五年までに再利用・リサイクル・堆肥化のできるものにする」という野心的な目標を設定して、取り組みを進めている。二〇一九年一月現在、一一〇社を超える企業が参画し、各社のプラスチック製包装を減らすとともに、共同でリサイクルシステムを強化しようとしている。

　日本でも、二〇一九年一月、経産省が「クリーン・オーシャン・マテリアル・アライアンス」の設立を発表した。海洋プラごみ問題の解決に向け、プラスチック製品の持続可能な使用や代替素材の開発・導入を推進し、イノベーションを加速化することをめざし、設立時点で一五九社・団体が参加している。今後、①素材の提供側と利用側企業の技術・ビジネスマッチングや先行事例の情報発信などを通じた情報の共有、②研究機関との技術交流や技術セミナーなどによる最新技術動向の把握、③国際機関、海外研究機関などとの連携や発展途上国などへの情報発信などの国際連携、④プラスチック製品全般の有効利用に関わる多様な企業間連携の促進などを進めていくという。

　日本では何か課題が出てくると、このように官が音頭をとって業界団体に呼びかけ、協議会的なものを設立し、情報共有などを行うことが多い。情報共有や動向の把握を超えて、技術的な強みを持ち寄っての具体的なイノベーションや、個社や業界の垣根を超えたシステム構築が進むことを願っている。

　企業同士がアライアンスを組んで、自治体や政府に働きかける動きは、日本ではこれまであまり見られなかったが、気候変動の分野では「日本気候リーダーズ・パートナーシップ」が積極的な活動を展開している。プラスチック問題の領域でも、同様の動きが生まれることを強く期待している。また、欧米のように、企業をつないでビジネスソリューションを一緒につくり出すことのできるNGOをどのようにはぐくむことができるかは、日本の経済界にとっても社会にとっても、考えていくべき課題の一つである。

●中小企業の取り組み

　プラスチック問題への取り組みは、生産や流通に大きな影響力をもち、技術開発力もある大企業の動きに注目が集まりがちだが、日本の企業数をみると、大企業は〇・三％に過ぎない。従業員数でも全体の約七〇％を占める中小企業がいかにプラスチック問題に取り組むかが非常に重要である。

　実際、プラスチック問題をビジネスチャンスとして、技術開発を進め、成果を出し始めている中小企業もある。「社会問題はビジネスのチャンス」なのだ。また、どんなに小さな事業所でも、社内で日常的に使い捨てのプラスチック製品は使っているはずだ。従業員と話し合って、それらを少しずつ減らしていくことができるだろう。

　小売店では顧客への働きかけも考えられるだろう。日本でもレジ袋は有料化される方向でもあり、今のうちから考えたり試したりすることが役に立つ。ヒントになりそうな事例を一つ紹介したい。

　二〇一二年に茨城県守谷市に開業したすばる調剤薬局は従業員八人程度の小規模事業者だ。知り合いから海洋プラスチック汚染の話を聞いたことをきっかけに調べてみたところ、大きな問題であることを知り、自分たちでもできることを考えた。

　薬を渡す際、多くの薬局がそうしているように、紙の袋に入れてからレジ袋に入れて渡していた。開局後、二〇一八年七月までに使用したレジ袋の総数を計算したところ、一四万一四二四枚であるとわかった。そこで従業員全員で話し合った結果、二〇一八年八月末、「二〇二〇年までにレジ袋の使用枚数を五〇％削減」という宣言を発表した。

「自分たちがレジ袋の提供を減らしたところで世界に与える影響は大きくないことは承知しているが、それでもより良い社会の実現のため、自分たちにできる努力をしたい」との考えだ。浮いたコスト分は社会活動団体に寄付することも決めた。

　具体的には、患者さんへの「声かけ」と「ポスター」での啓発活動を行っている。効果を尋ねたところ、「当初はなかなか辞退してくれる患者さんがいなくて、削減はわずかだったが、ポスターに記載している呼びかけ言葉を変えたら、大きな効果があった」とのこと。最初のポスターでは「レジ袋が必要ない方はお申し出ください」となっていたのを、「レジ袋が必要な方はお申し出ください」と変えたのだ。その結果、八二%ものレジ袋削減に成功したという。

これは、行動経済学や行動科学分野で注目の集まっている「ナッジ」の好例である。「ナッジ」(nudge)とは、「ひじで軽くつつく」という意味の英語で、人々が強制によってではなく自発的に望ましい行動を選択するよう促す仕掛けや手法である。すばる調剤薬局の事例では、「レジ袋が必要ない人」が申し出る(デフォルトは「黙っていて、レジ袋を受け取る」)から、「レジ袋が必要な人」が申し出る(デフォルトは「黙っていて、レジ袋をもらわない」)に変えたことによって、大きな成果が得られた。ちなみに、これは人間に備わっている「現状維持バイアス」を利用した「デフォルト設定」の効果であり、取り組みの参考になるだろう。

5─4 NGO・市民の取り組み

プラスチック問題は、「すべての人が加害者で、すべての人が被害者」という問題だ。そしてその影響は、私たちの暮らしの基盤である地球の健全性という意味でも、人体への直接的な影響という意味でも、すべての人に及ぶ。

プラスチックごみが環境中に散逸しないよう、一人ひとりが使用を減らし、代替物に置き換え、すでに環境中に出てしまったプラスチックごみを回収する取り組みを進めなくてはならない。

まずは自分がどれほどのプラスチックを日常的に使っているのかを調べてみよう。一週間にペットボトルを何本購入しているだろうか? ビニール袋に入った商品は? その他の容器包装プラスチックは? ストローやマドラーは? 国際環境NGOのグリーンピースはウェブサイトで、「毎分、トラック一台分のプラスチックが海に流れ出しています。プラスチックの使用量を『プラスチック・フットプリント』と言いますが、あなたのプラスチック・フットプリントはどれくらいでしょうか? 七つの簡単な質問に答えるだけで、答えはすぐに出てきます」と、プラスチック・フットプリント診断ツールを提供しているので、試してみてもよいだろう。

どのくらいプラスチックを使っているかを数えたら、「減らせるもの」「なくてもよいもの」を考えてみよう。ペットボトルを買うのではなく、マイボトルで水やお茶を持参すれば、プラスチック・フットプリントを減らせるうえに、お財布にも優しい。よく行く出先の近くにある給水器の場所を確認してみよう。レジ袋が有料のスーパーだけでなく、コンビニでもマイバッグを持参してレジ袋を断ろう。「マイバッグ持参」というと大仰に聞こえるかもしれないが、レジ袋をくるくると丸めてバッグの中に入れておけば、いつでも必要なときにマイバッグとして使える。できるだけ個別包装していないものを買おう。昔のように、ボウルを持参すればお豆腐を入れてくれるお豆腐屋さんがあったら、ひいきのお店にしよう。

また、NGOや市民活動団体は、「市民への意識啓発活動」や「プラごみ回収・清掃活動」を行うことで、その取り組みを広げることができる。そして、プラスチック問題に取り組むさまざまな団体やセクターをつないでいく役割も重要だ。

国際環境NGOのFoE Japanが二〇一〇年に立ち上げた「水Do!(スイドゥ)キャンペーン」が、二〇一四年より賛同団体で構成する「水Do!ネットワーク」を運営主体として、活動を拡大している。活動の一環として、省庁等の会議でペットボトルのお茶や水等の提供を廃止する提案をしたが、これは二〇一九年四月より「グリーン購入法」の見直しのなかで反映されることになった。また、二〇二〇年の東京オリンピック・パラリンピックに向けて、水飲み場や水筒に給水できるインフラ、カフェでの給水サービス提供等、「街のオアシス」を増やす活動を、各地の団体と連携して展開中だ。環境配慮の面だけでなく、熱中症対策や、魅力的なまちづくりにもつながるとの呼びかけに関心を示す地域が増えているという。

おわりに

二〇一八年九月、ノルウェー政府年金基金の運用を担うノルウェー銀行投資マネジメント部門(NBIM)が、世界中の投資先となる企業の取締役会に対し、プラスチックごみの汚染対策など、海の環境保全の取り組み強化と、関連情報の開示を求める新たな方針を決定した。

SDGsへの企業の取り組みの原動力の一つはESG投資である。投資家がプラスチック問題を企業への投資基準に含めるようになってきていることから、企業の取り組みはいっそう進むだろう。社内のプラスチック使用量を削減するだけではなく、社会のプラスチック問題にどう立ち向かうかが問われるようになる。そして、その動きをイノベーションにつなげられる企業が社会に求められる企業として生き残っていくだろう。

今後の日本にとって大事だと考える点をいくつか挙げてみよう。

一つは、漁業の取り組みだ。漁網が海洋プラスチック汚染の大きな原因の一つであることは先に述べた。欧州ではすでに取り組みが始まっている。日本でも早急に漁網がプラスチックごみ化しないしくみや規制を設けるとともに、海洋から漁網を回収して、再生利用する取り組みも待たれる。世界各地の研究で海産物からマイクロプラスチックが発見されていることから、早晩、日本の海産物からもマイクロプラスチックが発見されるようになるだろう。問題が明らかになってから後手に回るのではなく、先手を打って対策を講じる必要がある。

もう一つは、アジア全体を巻き込んだ取り組みを先導すべきだということだ。

二〇一八年四月、英国はバヌアツとともに英連邦諸国に「Commonwealth Clean Oceans Alliance」(CCOA)に参加するよう呼びかけた。海洋プラスチックごみを削減するために、マイクロビーズの禁止や、使い捨てポリ袋の削減などを求めるもので、スリランカ、ニュージーランド、ガーナが参加を表明している。この取り組みの活動資金として、英国政府が六一四〇万ポンド(約九三億円)を拠出することも発表された。

このように、自国だけではなく、周辺国や関係国も巻き込んだ動きを先導することは、先進国である日本の役目であろう。とくに、アジア諸国は廃棄物管理システムが未整備のところが多く、海洋プラスチックごみの最大の流出元となっている。アジアの国々に呼びかけるとともに、技術移転や廃棄物管理システムの整備を手伝うなど、日本が世界の海洋プラスチック汚染の解決に果たせる役割は大きい。

最後に、プラスチック汚染の問題も、「地球が支えられる限界を超えて、人間の社会や経済が地球から資源を取り出し、地球に廃棄物を戻している」という根本的な問題の症状の一つである。だれもが使っているからこそ、だれもが考え、取り組むことのできるプラスチック問題を契機に、真の意味での持続可能な社会とはどのようなものなのか、私たちはその実現に向けて何に取り組むべきなのか、対症療法を超えた議論が深まることを心から願っている。

本ブックレット作成にあたって、欧州で研究活動を進めているパトリシア・ビラルビア・ゴメスとリサ・ボームガルテル、膨大なリサーチとデータ整理を担当してくれた小野あかりに感謝する。

【付記】　二〇二〇年七月一日から全国でプラスチック製買物袋の有料化がスタートしました。日本のプラスチックごみに占めるレジ袋の割合は小さいので、これだけでプラごみ問題が解決するわけではありません。「プラごみは重要な問題なのだ」という警告の伝達が期待されているのでしょう。これを機に、私たちが買い物のしかたやプラスチックとの付き合い方を再考することが求められています。

枝廣淳子

1962年京都生まれ．東京大学大学院教育心理学専攻修士課程修了．環境ジャーナリスト，翻訳家．幸せ経済社会研究所所長．大学院大学至善館教授．著書に『地元経済を創りなおす――分析・診断・対策』(岩波新書)，『「定常経済」は可能だ！』(共著)『アニマルウェルフェアとは何か――倫理的消費と食の安全』(ともに岩波ブックレット)ほか多数．訳書に，レスター・R・ブラウン他『大転換――新しいエネルギー経済のかたち』(岩波書店)，ウルリッヒ・ベック『変態する世界』(共訳，岩波書店)ほか多数．

プラスチック汚染とは何か　　岩波ブックレット 1003

2019年6月5日　第1刷発行
2022年8月25日　第6刷発行

著　者　枝廣淳子（えだひろじゅんこ）

発行者　坂本政謙

発行所　株式会社 岩波書店
〒101-8002 東京都千代田区一ツ橋2-5-5
電話案内 03-5210-4000　営業部 03-5210-4111
https://www.iwanami.co.jp/booklet/

印刷・製本　法令印刷　　装丁　副田高行　　表紙イラスト　藤原ヒロコ

ISBN 978-4-00-271003-7　　Printed in Japan